U0175414

改变世界的发明

技术大发明背后的故事

刘宜学 沙莉 / 著

齐鲁书社

图书在版编目（CIP）数据

改变世界的发明：技术大发明背后的故事 / 刘宜学，沙莉著. -- 济南：齐鲁书社，2020.8
ISBN 978-7-5333-4385-9

Ⅰ.①改… Ⅱ.①刘… ②沙… Ⅲ.①创造发明－普及读物 Ⅳ.①N19-49

中国版本图书馆CIP数据核字(2020)第141791号

责任编辑／傅光中　张　巧
装帧设计／亓旭欣

改变世界的发明：技术大发明背后的故事
GAIBIAN SHIJIE DE FAMING JISHU DA FAMING BEIHOU DE GUSHI

刘宜学　沙莉　著

主管单位	山东出版传媒股份有限公司
出版发行	齐鲁书社
社　　址	济南市英雄山路189号
邮　　编	250002
网　　址	www.qlss.com.cn
电子邮箱	qilupress@126.com
营销中心	（0531）82098521　82098519　82098517
印　　刷	济南继东彩艺印刷有限公司
开　　本	720mm×1020mm　1/16
印　　张	16.75
字　　数	260千
版　　次	2020年8月第1版
印　　次	2020年8月第1次印刷
标准书号	ISBN 978-7-5333-4385-9
定　　价	48.00元

前　言

　　在许多人的印象中，发明似乎是科学家、发明家的事，跟自己没什么太大关系。其实，发明与每个人息息相关。我们的衣食住行——穿的衣服、吃的稻米、住的房屋、坐的汽车，无不是发明的成果。可以说，离开了发明，我们穿无衣，食无粮，居无所，行无车——我们将退回到最原始的生活状态。

　　人类发展的历史，就是人类发明的历史。发明，是推动人类社会向前发展的动力，是奏响人类文明乐章的音符。

　　可以想见，早在人类诞生之初，我们的先祖在饥寒交迫之中，心里盘算着怎么摘下树上诱人的果实，用什么东西抵御严寒——这就是发明的原动力。从我们的先祖用枝干敲打果实，将兽皮裹在身上的那一刻开始，人类便走上了发明之路。伴随着人类对生活品质永无止境的追求，人类发明的脚步迈得越来越大，走得越来越快——这是一条永远向前、不断加速的"不归路"。

　　每一项大发明，都对人类的生活产生了重大影响。就拿20世纪发明的计算机和互联网来说，它们深刻地改变了人们的生活方式。如今，借助互联网，人们可以获得五花八门的资讯，可以广交五湖四海的朋友，可以在网上购物，可以远程看病……且不说更远，就在50年前，谁能想到，今天的互联网竟如此神通广大！

　　发明，充满了不可预知的魔力！

　　美好的生活离不开发明，而发明绝非一蹴而就之事，正如一首歌所唱"没有人能随随便便成功"：

诺贝尔为了降服烈性炸药，弟弟及多位工友殉难，自己也多次受伤，以致他父亲看到炸药爆炸的惨状后吓得半身不遂。

布诺雷貌似偶然地从一堆废钢铁中发现了亮晶晶的不锈钢，其实，在这之前他做了大量研制工作，不知流了多少汗。

琴纳如果不是绞尽脑汁地思考如何消灭天花，怎能洞察挤奶姑娘不得天花的奥秘？牛痘免疫法的发明也就无从谈起。

法拉第天才般地认定"既然电可以产生磁，反过来，磁也一定能产生电"，可是如果他不是花了10年时间做实验，发电机将永远停留在纸上。

爱迪生试验了1600多种材料做灯丝都失败了，人们讥讽他研究失败，爱迪生却说，他成功地知道1600多种材料不能做灯丝。

……………

兴趣、敏锐、勇气、专注、坚韧……是攀登发明高峰者不可或缺的素养。习而不察、人云亦云、朝三暮四、畏葸不前者，只能止步于山脚，注定无缘发明的顶峰。

无限风光在险峰，沿途景色也旖旎。许多科学家、发明家认为，发明的过程固然艰辛，但充满了乐趣，正所谓"痛并快乐着"。他们着迷于发明，如痴如醉，废寝忘食。

发明竟有如此的魅力！

值得一提的是，发明不是科学家、发明家的专利。每一个人在学习、生活、工作中，都会有许多的"奇思妙想"，也会有许多的小创意。这些小创意，有的独具匠心且有神功妙用，其实质就是发明——创造新事物和新方法。只不过，这种小创意（可称之为微发明）的传播价值有限，无法为更多人所采用。但小创意不可忽视，它在人们的学习、生活、工作中大有用武之地。

青少年时代，正是充满好奇和幻想的时代，也是创造力、发明力形成的时代。如果一个人从小养成良好的发明素质，敏于观察，勤于思考，勇于探索，谁也不知道他会做出怎样的发明！

作者
2020 年 4 月 4 日

目 录

机械·交通

材料·化工

弹药·武器

生物·医学

初生牛犊不怕虎

——米勒人工合成氨基酸的故事

提起积木游戏，小朋友都很熟悉——把许多积木按照不同的组合方式组合，就可以获得不同的积木结构。大自然中，也有许多物质拥有类似"积木游戏"的结构方式，蛋白质就是其中的一种。

我们知道，所有的细胞，不管是植物的、动物的，还是细菌的，它们都毫无例外地具有一种最最重要的成分——蛋白质。蛋白质是构成生命的基础物质。建造蛋白质分子的"积木"，叫做"氨基酸"。就像拼积木一般，不同数量、性质的氨基酸，可以"拼"成许许多多不同种类的蛋白质。当然，它的原理比小朋友手里玩的积木游戏可要复杂多了。

历史的车轮滚滚向前。进入 20 世纪，自然科学领域的研究已经有了相当程度的发展。这时，科学家们开始思考一个全新的课题：当地球还是一个年轻的没有生命的行星时，氨基酸是怎样形成的呢？

1953 年，在美国芝加哥大学的教授会上，教授们正在审议一位博士研究生 S. L. 米勒设计的实验方案。他们惊讶地得知，年仅 23 岁的米勒，竟然想在容器里人工合成氨基酸！

"氨基酸是构成生命的重要物质基础，还没有生命的地球经过几十亿年才孕育出来，怎么可能在试管中形成呢？"

"年轻人，不要浪费宝贵的时间和精力，这是绝对不可能实现的计划！"

在一些教授看来，这个乳臭未干的年轻人设计的实验方案，简直就是异想天开！

米勒的导师，就是曾经获得诺贝尔奖的尤里教授，却十分支持米勒。

他不以为然地说："没有想过的，并不意味着不可能成功。"

米勒更是充满自信："如果我们能模拟出原始地球的还原性大气，再模仿当时经常出现的电闪雷鸣的自然条件，就很有可能合成氨基酸！"

实际上，米勒的实验方案并不是凭空想象出来的。早在 1936 年，俄国生物学家奥巴林就出版了《地球上生命的起源》一书。这位第一个研究生命起源的人，在书中详细阐述了自己的研究成果，认为生命一定起源于这样的环境：以氢、甲烷、水蒸气为主的大气，溶有大量氨的海洋。尤里教授也是研究原始地球环境的学者之一，他很赞同奥巴林的观点。

正是在尤里教授的支持下，血气方刚的米勒不顾教授会的反对，坚持进行实验。

米勒设计了一种特殊的大玻璃容器。为了保证实验制成的复杂化合物一定不是活细胞形成的，他先把仪器抽成真空，并用 130℃ 高温连续消毒了 18 个小时。然后，再通入氨、甲烷、氢气，这些气体混合的比例与推测的原始大气成分的比例基本相同。

接着，他在另一个同样消毒过的玻璃容器中将水煮沸，让形成的蒸汽经过一根玻璃管进入第一个玻璃仪器中。在蒸汽的推动下，氨、甲烷和氢气形成的混合气体又经过另一根玻璃管回到沸腾的水中。米勒让第二根玻璃管保持冷却状态，因而蒸汽在尚未滴回原来的容器前就转变为水了。

这样，在蒸汽的带动下，氨、甲烷、氢和水蒸气的混合物就在这套特殊的装置中不停地循环。

合成氨基酸还需要考虑的一个问题是能量的供应。米勒和尤里教授推测，在原始环境中，氨基酸的形成可能有两种能量来源：一是太阳放射的紫外线；一是来自闪电的电火花。

"紫外线很容易被玻璃瓶吸收，我想可以用连续的电火花来供应能量。"米勒就这个问题征询了尤里教授的意见。

尤里教授赞许地说："在地球的早期阶段，存在很多雷电交加的情形。你现在用电火花，实际上是模拟地球在原始时代频繁出现的闪电现象。"

这样，米勒的实验真正开始了。在为氨基酸的合成提供了充足的能量供给后，他需要等待和认真的观察。水和空气开始时是无色的，但是到了一天晚上，米勒发现水变成了粉红色。随着时间的推移，水的颜色越来越深，直到最后成为深红色。

实验进行了110个小时之后，玻璃仪器中混合气体里氨的浓度迅速下降，氨基酸的比例则持续上升。一个星期过去了，实验的第八天，米勒终于得到了期望的结果：在这个容器里面，出现了甘氨酸、丙氨酸、谷氨酸等重要的氨基酸！

其中，甘氨酸和丙氨酸是构成各种蛋白质的19种氨基酸"积木"中的两种，也是所有氨基酸中结构最简单的。

就这样，米勒把小小的容器变成微缩了的原始地球，重演了几十亿年前发生的惊天动地的奇迹，展示了原始地球上有机物合成的生动图景。

人工合成氨基酸的成功，震动了整个生物学界。在探索生命起源的征途上，人类又迈出了重要的一大步。

（刘宜学）

"不毛之地"种庄稼

——李比希发明化肥的故事

在古老的东方大地上，为了使庄稼丰收，传统的做法是给庄稼施用人畜粪便，以增加土壤的肥力。现代化的农业生产中，出现了新的增加土壤肥力的途径——给庄稼施用化肥，如氮、磷、钾肥等。这种办法见效快，能使农作物常年高产稳产，颇受农民的欢迎。

不过，你知道这些人工合成的化肥是谁发明的吗？它们是怎样诞生的呢？

人工合成肥料的发明者是德国化学家尤斯图斯·冯·李比希。为了感谢他对农业的贡献，人们称他为"化肥之父"。

1803 年，李比希诞生在德国的达姆施塔特。他自幼酷爱化学，可对其他学科都不感兴趣，结果 15 岁时连中学都没念完就辍学了。到 18 岁时，李比希终于深刻地认识到，要想成为一名化学家，必须有扎实的基础知识，这才进入大学发奋苦读。大学还没毕业，李比希就来到巴黎的索邦大学继续深造，1824 年获得德国爱尔兰根大学博士学位。

20 岁出头的李比希博士一毕业，就受到黑森公国政府的重用，被聘为吉森大学的化学教授。他年轻有为、雄心勃勃，不久便崭露头角。在 19 世纪 30 年代，他以无与伦比的才华跻身世界一流化学家的行列。至于化肥的发明，却是因为他"好管闲事"。

在黑森公国首都市郊，有一大片农田。细心的李比希注意到，市郊的庄稼在逐年减产，农民眉头紧锁，脸上愁云密布。

这一天，李比希来到城郊的庄稼地里，弯下腰仔细察看庄稼和土壤。

正在田间劳作的农民好奇地打量着这位书生模样的城里人，问道："先生，您也懂得庄稼？"

"嗯，知之不多，正想学学。"李比希回答。他接着问："您看今年庄稼收成会好吗？"

这不经意的一问恰好触动了农民的心事，但见他忧心忡忡地叹了口气，说："年复一年地种植庄稼，土地越来越贫瘠了，哪能指望好收成呢！这块地眼看就要废弃了。"

"要是能给土地添加些营养，庄稼不就会丰收了吗？"李比希自言自语道，又似乎是在对农民说。

"先生，您这就不懂了。我们庄稼人祖祖辈辈都是这么种地的。您的话说出去会被人笑话的。"

李比希可不在乎会不会被人笑话。说干就干！他开始翻阅大量的书籍报刊，发现东方古老的中国、印度等地的农民为使庄稼丰收，不断地给土地施用人畜粪便。李比希清楚地知道，这一定是粪便中含有使土壤肥沃的成分，能促使庄稼吸收到生长所需要的物质。但是，这种方法不可能引进到欧洲来，因为人们在观念上无法接受。

"耕地到底缺乏什么？庄稼的生长又需要什么？"李比希问自己，"我一定要弄明白！"

为了找到答案，李比希开始了大量的实验。在实验中，他发现氮、氢、氧这三种元素是植物生长不可缺少的物质。而且，钾、苏打、石灰、磷等物质，对植物的生长发育也起到一定的作用。

"接下来的工作就是研制出含有这些无机盐和矿物质的人工合成肥料。"李比希对助手们说。

1840年的一天，世界上第一批钾肥、磷肥在李比希的化学实验室里诞生了！李比希把这些洁白晶莹的化肥小心地施洒在实验田里，密切注意着庄稼的变化。

可是没过几天，一场大雨不期而至。助手们发现那些化肥晶体被雨水浸泡后，很快变成液体渗入土壤的深层，而庄稼的根部却大多分布在土壤的浅层。果然，收获的季节到了，实验田里的庄稼增产并不显著。

"这么说，我们还得再深入一步，把它们变成难溶于水的物质。"李比希说道，"大家别灰心，我们已经接近成功了！"

于是，他们又开始了新的探索。这一回，李比希把钾、磷酸晶体合成为难溶于水的盐类，并且加入少量的氨，使这种盐类成为含有氮、磷、钾三种元素的白色晶体。

最后，在一块贫瘠的土地上，李比希和助手们把这些白色晶体和黏土、岩盐搅拌在一起，施在土里，然后种上了庄稼。过了一段时间，农民们惊奇地发现，那块被废弃的"不毛之地"，竟然奇迹般地长出了绿油油的一片庄稼，而且越长越茁壮。转眼，又迎来了收获季节，"不毛之地"获得大丰收，竟超过了当地良田的产量。

消息就像插上了翅膀一样迅速传开了，李比希成为德国农民们最敬仰的人物。此后，"李比希化肥"被广泛运用于农业生产并造福人类。

（沙　莉）

将梦想变成现实

——袁隆平发明籼型杂交水稻的故事

1981年6月6日下午，北京京西宾馆的会议室里洋溢着热烈喜庆的气氛。原来，国务院正在这里召开颁奖大会，授予籼型杂交水稻发明者特等奖。

在一阵热烈的掌声中，一位衣着朴素的中年人健步走上主席台领奖。他就是被人们誉为"杂交水稻之父"的水稻专家袁隆平。今天，他代表全国籼型杂交水稻科研协作组，接受中华人民共和国成立以来国务院颁发的第一个特等奖，与此同时，他个人也荣获一枚特等发明奖章。

面对这份特殊的荣誉，袁隆平谦逊地说："这是整个科研协作组共同努力的成果，也只是我们取得的初步成功。除了籼型，还有粳型，我们还有许多事情要做。"

籼型杂交水稻的培育成功，不仅是我们国家的一件大事，在国际上也引起了巨大的反响。众所周知，大米是我国南方人的主要粮食。在中国这样一个人口众多的国家，大米的供应是否充足，事关国计民生。但在中华人民共和国成立初期，我国的农业生产力水平较低，水稻产量一直供不应求。

1953年8月，袁隆平从西南农学院农学系毕业。生长在城市的他毫不留恋舒适的城市生活，来到位于湖南黔阳地区安江镇的安江农校，当上了一名普通的教师。还在大学时代，袁隆平就怀有一个梦想：培育一种高产优质的水稻品种。

到了农校后，袁隆平开始努力将自己的梦想变成现实。从1960年开始，他就踏上了寻找高产新品种的艰苦征途。在试验中，袁隆平渐渐地摸索出了研究的方向：如果能培育出杂交水稻种子，那么它的第一代将以极大的优势，使水稻大幅度增产。

袁隆平知道，要培育杂交稻种，首先必须找到水稻雄性不育的植株。因为水稻是雌雄同体的自花授粉植物，在同一朵花上并存着雌蕊和雄蕊。水稻一朵花只结一粒种子，而且开花的时间非常短，要想用人工去除雄蕊，不让它自花授粉，那是不可能的。只有找到雄性不育的水稻植株，才能实现异花授粉，从而培育出杂交的水稻种子。

为了找到雄性不育的水稻植株，袁隆平每年在水稻扬花季节，都要在几百万株水稻中细心搜寻，而这就像大海捞针一样艰难。

1964年，水稻扬花的季节又到了，袁隆平照例在试验田巡视。忽然，他眼前一亮，面前的这株水稻，稻花内雌蕊发育正常，而雄蕊没有花粉，已呈干枯状。这正是他几年来苦苦寻觅的稻株啊！

袁隆平激动地半跪在田埂上，俯下身子，小心翼翼地把它从泥田里挖出来，移栽到试验盆里。

农校的同事打趣地说："怎么，这株稻苗成了你的宝贝了？"

"对，它现在比什么都重要！"袁隆平兴奋地说。

随后，他又相继发现了三株"宝贝"。他风趣地说："我今年可是大获丰收，连连得'宝'啊！"

看到袁隆平搞试验的这股干劲，同事们都钦佩不已，不由得更加热心地协助他完成试验。这一年，袁隆平对这四株水稻实行"特别管护"，亲自灌溉、施肥，定期观察长势并认真记录。他用别的稻花和它们杂交，成功地培育出了第一代雄性不育的稻种。根据试验记录，他写成了论文《水稻的雄性不孕性》，发表在1966年第4期《科学通报》上。

袁隆平在培育杂交水稻良种的征途上，迈出了非常重要的一步，但要实现杂交水稻的产业化生产还有许多难题需要攻克。正当他准备进一步深入研究时，"文革"开始了，他的工作受到了很大影响，研究进程也慢了下来。但是，在汹涌的"文革"浪潮中，他没有放弃梦想，研究工作一直在艰难地进行着。

1970 年，袁隆平的助手李必湖发现了一棵雄花败育株。这株"宝贝"具有保持后代不育的能力，这为杂交水稻的产业化生产打开了突破口，袁隆平的研究距离成功仅有一步之遥了。但是，这关键的最后一步，需要集体的力量才能完成。1971 年，湖南省农业科学院成立了杂交稻研究协作组。翌年 3 月，国家科学委员会组织了全国各地几百名农业科学工作者，在袁隆平的统一指导下进行最后的攻关行动。

"众人拾柴火焰高。"在集体的努力下，1974 年，袁隆平十余年的梦想终于变成了现实：他试种的水稻亩产达 628 公斤，而晚稻亩产达 511 公斤！其实，这又何尝不是世世代代在土里刨食的广大农民的梦想呢？

籼型杂交水稻的成功培育，大幅度提高了水稻的产量，它的种植迅速在全国范围内推广。1975 年，中国杂交水稻种植面积 300 多公顷，到 1980 年已猛增到 500 多万公顷。后来，柬埔寨、菲律宾、泰国等国家也相继引进杂交水稻。袁隆平理想的种子，在世界范围内生根发芽，结出累累硕果。

（沙　莉）

种豆得瓜

——科恩等人发明基因工程技术的故事

1990 年 9 月 14 日，在美国马里兰州的一家医院，美国国立卫生研究院的巴里思教授等人正在对一个四岁的病人采用前所未有的治疗方法。这个接受治疗的小病人患有遗传病，体内先天缺少一种叫腺苷脱氨酶的物质。缺少了这种物质，人体就丧失了免疫功能，体内淋巴细胞就不能杀死入侵的病菌和病毒，因此，她经常生病，只能在无菌室内生活。究其原因，主要是小病人体内分管腺苷脱氨酶生产的基因不作为，"严重失职"。巴里思教授等人从小病人身上取出淋巴细胞，将正常的腺苷脱氨酶基因转移进去，然后进行体外培养，最后再将这些淋巴细胞通过静脉输回小病人体内。不久，这个小病人蹦蹦跳跳地走出了无菌室……

这是世界上首例采用基因疗法的病例。所谓的基因疗法，就是基因工程技术在医学上的应用。

基因工程技术，简单地说，就是将一个生物体的基因转移到另一个生物体上，并且让移入的基因发挥其应有的功用，由此改变生物体的性状等。这项技术的发明，得益于许多科学家对基因的深入研究。

1967 年，世界上有五个实验室几乎同时发现了一种可连接 DNA（脱氧核糖核酸，构成基因的生物大分子）的酶，即连接酶。这种酶在基因工程中起到"胶水"的作用。

1969 年，美国科学家夏皮罗等第一次成功地分离出大肠杆菌乳糖苷酶基因。一年后，美籍印度科学家柯拉那人工合成了第一个基因，这意味着用于"嫁接"的材料——基因有了。

　　1970 年，美国科学家史密斯提取出了核酸限制性内切酶。这种酶像剪刀一样，可以切断 DNA。其实，早在 20 世纪 60 年代，瑞士科学家阿尔伯就在大肠杆菌里发现了这种可以用于切断 DNA 的酶。1971 年，美国科学家内森斯用核酸限制性内切酶完成了对 DNA 的切割。也就是说，切割基因的工具也有了。因此，他们三人获得 1978 年诺贝尔生理学或医学奖。

　　有了材料，有了"剪刀""胶水"，基因重组技术呼之欲出。

　　美国著名遗传学家伯格很早就思考"种豆为什么只能得豆"之类的问题，他在 20 世纪 60 年代就提出过基因重组的大胆设想。注重实验的他意识到，在基因上玩"拼图"的机会到了。1972 年，他把两种病毒的 DNA 用内切酶切割后，再用 DNA 连接酶成功把这两种 DNA 分子连接起来。这在人类历史上首次实现了两种不同生物的基因体外重组，在基因工程历史上具有开拓性的意义。为此，他与另两位致力于基因研究的科学家一起获得 1980 年诺贝尔化学奖。

　　接下来的问题是，可否在体内实现基因的重组，也就是说将外来的 DNA 运载到体内，并使其在体内落地生根呢？要知道每一种生物都有对外来基因的排他性，必须找到一种能安全地将外来基因送到体内的运载工具。

　　谁能完成这项技术的"临门一脚"，将外来的基因"踢"进体内呢？

　　历史选择了科恩和博耶！

　　科恩是美国斯坦福大学研究人员，长期致力于细菌耐药性的研究。20 世纪 70 世代初，科恩发现，大肠杆菌里有一个叫"质粒"的小型环状 DNA 分子，既能与大肠杆菌"和平相处"，也能自由出入于不同的细菌体内，充当基因运输的工具再合适不过了。

　　1972 年，在美国夏威夷召开了有关细菌质粒研究的国际研讨会。在会上，科恩报告了他们在质粒研究方面的进展，加州大学博耶介绍了他们对有关限制性内切酶的研究进展，并且提到有一种限制性内切酶连接 DNA 的效果很好。

　　科恩对博耶提到的内切酶非常感兴趣，博耶也对科恩所报道的质粒很感兴趣，两人相见恨晚。就在那天晚上，他们在离海滩不远的一个快餐店里相聚。

海风送爽，两位科学家一边喝着啤酒，一边聊着基因研究的进展情况。

"你的研究成果太有吸引力了，我们不如合起来一起干。"科恩咽下一口啤酒，提高嗓门说。

"那太好了！"博耶点点头，站起来说道。

于是，两人你一言我一语地对合作实验的方案进行了详细讨论。一个在生物学史上具有里程碑意义的设想就这样诞生了。

此后，两人合作的实验进展十分顺利。1973 年，科恩把大肠杆菌体内的两种不同的质粒 DNA 拼接在一起，重新组合成一个杂合的质粒 DNA，并把它送入到大肠杆菌内。科恩和博耶怀着忐忑不安的心情观察，结果发现杂合的质粒已在大肠杆菌内"安营扎寨"，并充分发挥出两种质粒的功用。

至此，基因工程技术诞生了！

同年，斯坦福大学和加州大学联合完成了"重组 DNA 技术"的专利申请工作，报道这项研究结果的论文也在美国国家科学院会刊发表，并立即在科学界引起轰动。

从此以后，基因工程技术在农业、医学等各领域得到广泛的应用。农业上，基因工程技术可用于动植物育种、品质改良及病虫害防治等。例如，棉花生产最大的危害是棉铃虫。有一种细菌可以分泌杀死棉铃虫的物质，是棉铃虫的"克星"。我国科学家把这种细菌里管生产这种物质的基因"搬"到棉花里，这样，棉花也会产生可杀死棉铃虫的物质。棉铃虫吃了棉花的叶片，自然也就没了。科学家设想，把大豆固氮的基因转移到其他作物上，这样其他作物就可以自己固氮而不用人们施氮肥。甚至有科学家设想，把叶绿素的基因转移到畜禽上，就可能培育出不用喂养，只需晒太阳就可以长大的"叶绿素猪""叶绿素鸡"等。在医学上，基因工程更是被应用于遗传病等的治疗，拯救了千千万万个病人的生命。

神奇的基因工程技术打破了不同物种之间的界限，包括人、动物、植物之间的界限。从技术层面来说，用基因工程技术改变一个人的智力、身高、容貌等都是有可能的。因此，基因工程技术诞生伊始，美国著名遗传学家伯格等科学家就担心其伦理和安全等问题，呼吁限制对基因工程技术的研究。英国的查尔斯王子十分害怕"上帝的角色正在被新技术所取代"，认为人类这样做的结果将"面临一个不祥的未来"。

此外，也有人担心转基因食品会不会存在潜在的危害。绝大多数科学家认为转基因食品对人体不会有什么害处，但也拿不出证据来证明。因此，有的国家（包括中国）政府要求，出售转基因食品，必须加以注明，以便顾客选择。

（刘宜学）

善于"察颜观色"的神医

——扁鹊创立中医"四诊法"的故事

历史上，流传着这么一个妇孺皆知的故事，叫"扁鹊见齐桓公"。

扁鹊是谁？

扁鹊原名秦越人，是我国战国时代的一位名医。年轻时，秦越人拜民间医生长桑君为师，研习医术。从师过程中，他勤奋刻苦、谦虚好问，在老师的悉心点拨下，医术大进。后来，他四处行医，替人治病。由于他诊断准确、药方灵验，仿佛能用肉眼透视人的五脏六腑，于是人们便用传说中黄帝时代名医"扁鹊"的名字来称呼他。这个称号渐渐流传，以至于人们几乎忘记了他的真名。

有一次，云游天下的扁鹊行医到了齐国境内。齐桓公田午（又称"蔡桓公"）听说名医扁鹊来了，便接见了他。言谈之间，扁鹊发现齐桓公说话时声调有些滞涩，脸色也不大对。在一番仔细的观察之后，他对齐桓公说："您得病了。"

齐桓公颇不以为然，说："哪里哪里，我心宽体胖，身体硬朗着呢。"

扁鹊坚持说："您确实得病了，不过目前还很轻微，只在肌肤表面有些病邪，稍微热敷一下，就能治好。"

齐桓公毫不在意，甚至在扁鹊告辞后，对左右说："江湖医生大都徒有虚名，往往靠医治无病的人来炫耀自己的本领。"

"简直是沽名钓誉！"左右也齐声附和道。

过了几天，扁鹊又见到齐桓公。他直盯着齐桓公的脸，凝视片刻，表情严肃地说："您的病已经发展到了肌肉和血液里，若不及时治疗，恐怕要加重。"

齐桓公付之一笑，根本没把扁鹊的话放在心上。

又过了好几天，扁鹊要求拜见齐桓公。一见面，他就焦急地对齐桓公说："如今您的病已侵入内脏，要是再不治疗，就有生命危险了。"

齐桓公一听，干脆就下了逐客令。

扁鹊一片好意，却遭到冷落。不过，作为一位医生，职业道德促使他又一次求见齐桓公。谁知这次一见齐桓公，他就急忙转身离去。齐桓公见状，心中觉得奇怪，忙派人去问是怎么回事。扁鹊对来人摇着头说："病在体表，热敷就能解决问题；病入血脉，针灸能起作用；即使病入内脏，汤药也可医治。但如今齐侯的病已深入骨髓，谁也无力回天了，我还能说什么呢？"

果然，不出数日，齐桓公就病倒了，全身疼痛。他急忙派人去找扁鹊，但扁鹊已离开齐国。不久，齐桓公就病死了。

还有一个扁鹊行医的奇闻，说的是他让病人起死回生的故事。

当时，扁鹊带着弟子来到虢国，正赶上虢国在为猝死的太子大办丧事，举国上下一派悲痛的气氛。

扁鹊来到王宫门口，听见太子的几个侍从在私下议论：太子平日身体好好的，怎么会突然不省人事、撒手而去呢？扁鹊急忙上前，详细询问太子发病的经过和"尸体"的情况。之后，他凝神片刻，便大步流星地往王宫里走，说："快去报告大王，说我也许能将太子救活。"

侍从们半信半疑地将扁鹊迎进宫中。虢国国君正沉浸在丧子的悲恸之中，闻报有人能救太子，赶紧起身亲自相迎。扁鹊仔细地检查了太子的"尸体"，用耳朵贴近太子的鼻孔，果然发现里面若断若续地有一丝气息，鼻翼也在微微翕动，而且大腿根和心窝还有一点点热气；再仔细给太子搭脉，感觉隐隐约约地尚有脉动，只是异常微弱。

根据这些情况，扁鹊断定太子并没有死，只是得了"尸厥症"（用今天的话说，就是"休克"），只要救治及时，还有苏醒的希望。于是，他吩咐徒弟递过银针，开始在太子的头顶、胸部、手脚等部位的穴道上扎针，又用熨帖药交替热敷太子腋下，并灌下温热的汤药。不一会儿，太子就慢慢地苏醒过来。再连服20多天的汤药，虢国太子竟然完全康复了。

面对如此高超的医术，人们简直不敢相信自己的眼睛。从此，这个"起死回生"的故事，让扁鹊青史留名。

据史籍记载，扁鹊生前曾把前人流传下来的许多诊断疾病的方法加以总结，并归纳成"望、闻、问、切"四种方法，简称"四诊法"。望，就是观察病人的神态、脸色、舌苔；闻，就是听病人说话的声音，嗅病人的体味等；问，就是询问病情、病史；切，就是搭脉搏和触摸肌肤、胸腹等处。从马王堆出土的帛书记载看，"四诊法"的出现不晚于公元前 3 世纪晚期。这种诊断方法直到今天还在普遍使用，是中医辨证施治的重要依据。

有学者认为，有关扁鹊发明"四诊法"的记载及传说未必准确，有添油加醋的可能。但可以肯定的是，"四诊法"是包括扁鹊在内的我国古代医学家非凡的创举。

（沙　莉）

把病人送入梦乡

——华佗发明"麻沸散"的故事

古典小说《三国演义》第 75 回，生动地描述了"关云长刮骨疗毒"的故事。它讲的是蜀国名将关羽在和曹军对垒中，被对方一毒箭射中右臂，毒已入骨，右臂青肿，不能运动。于是，麾下众将遍访名医，要为关公疗毒。

有一天，有位医生不请自至。他用刀割开关羽的腐烂皮肉，一直刮到骨头上，悉悉有声。关羽一面被"刮骨疗毒"，一面谈笑自若地下棋饮酒，脸上全无痛苦之色。结果手术成功，关羽得救。

人们在钦佩关羽超人毅力的同时，不禁为那位医生的绝妙医术拍手叫好。这位医生，就是被人们称为"神医"的华佗。

华佗，字元化，大约出生在公元 2 世纪中叶，沛国谯（今安徽亳州）人，是东汉末年最负盛名的医生。他精通内科、外科、妇科、儿科等，尤其擅长外科。

华佗自小就和母亲相依为命。他的父亲死得很早，哥哥在兵荒马乱的年代里，像许多贫苦青年一样被抓去从军，一去不返，音讯全无。年轻时，华佗爱好读书、喜欢钻研，后来专门研究医学。在母亲的教育下，他懂得了许多人生哲理，立志终身不仕，愿为良医，为百姓解除疾苦。后来，他的母亲不幸得了一种奇怪的病，忽冷忽热，周身疼痛，皮肉肿胀。当时，华佗对医学还是一知半解，见母亲受病魔百般摧残折磨，自己又无能为力，十分难过，请了几位医生救治，均不见效。不久，母亲就离开了人世。

临终前，母亲对华佗说："孩子，要记住你父母都是被这种古怪的病折磨死的。我要走了，希望你早日学成医术，帮助世人免除疾病之苦。千万记住……"

母亲的病逝，使华佗失去了人间的最后一位亲人，更激发了他发奋学医的决心。他立志要用自己的医术普济众生，以此告慰九泉之下的慈母。

华佗在医学上最显著的贡献，是在他最拿手的外科手术领域。在"关公疗毒"的故事中，我们知道，正是华佗的高超医术，让一代名将起死回生。可在当时的条件下接受外科手术，病人要忍受多么大的痛苦啊！并不是每一个病人都有关羽那般超人的勇气和坚忍的意志。今天的人们几乎不敢想象，未经任何麻醉，就对病人开刀动手术，会是一种什么样的情景。

为了减轻病人手术的痛苦，被称为"中医外科手术祖师"的华佗，早在1800多年以前就发明了全身麻醉剂——"麻沸散"。他是人类医学史上最先采用麻醉法进行外科手术的医生。

相传，有一次华佗给一位船夫看病。病人脸色惨白，口吐白沫，疼得在地上打滚。华佗通过望色、切脉、按摸腹部，诊断其为肠痛病（即现在所说的急性阑尾炎）。于是，他拿出麻沸散，和着酒灌进病人口中。过了一会儿，病人就像喝醉了酒一样，昏昏入睡，完全失去了知觉。这时，华佗用刀剖开病人腹部，把溃烂的阑尾割去，然后把患处洗干净，再止血缝合，并在手术伤口处敷上一些解毒生肌的药膏。四五天后，伤口逐渐愈合；一个月后，病人居然完全恢复了健康。

据《后汉书·华佗传》记载，华佗用这种麻醉方法，先后成功地做了开腹切肠、剖腹取胎、切除肿瘤等大型手术。

麻沸散的发明，是外科医学上一项划时代的贡献，而且远远地走在了世界的前列。历史上，欧洲人进行手术，用的是放血麻醉法，即把病人的血放掉，血放多了，人就晕了过去。但是这种方法非常危险，病人死亡率很高。

直到1844年，美国的柯尔顿才开始用笑气（氧化亚氮）做麻醉药，但效果也不理想。后来西医中常用的全身麻醉药乙醚，是1846年由美国人莫尔顿发明的。不过，这些发明都是近代的事情了，离华佗离开人世已有1600多年了。

（沙　莉）

"骗子们"的功绩

——莫尔顿等人发明化学麻醉药的故事

在麻醉药发明之前,对于需做外科手术的病人来说,做一次手术,其痛苦程度无异于受一次酷刑;对于外科医生来说,在病人的嚎叫声和挣扎之中做一场手术,就像上了一次战场。

麻醉药的使用,可以追溯到距今 1800 多年前的中国。据《后汉书》记载,东汉名医华佗曾发明一种麻醉药物——麻沸散。他曾成功地使用麻沸散,为一个病人做了腹部手术。令人遗憾的是,麻沸散的单方已经失传了。

麻沸散虽在古代医学条件落后的情况下,在小范围内发挥过一定的作用,但并不能从根本上解决外科疼痛问题。真正的麻醉药诞生在 19 世纪的美国。它的诞生还经历了一段波折呢。

1799 年,英国著名的化学家戴维有一次牙痛得要命,但强烈的责任感使他带病走进实验室。然而,奇怪的是,当他走进实验室后,牙就不痛了,而当他走出实验室后,牙痛又复发了。

显然,这是实验室里弥漫着的一种化学气体在作怪。经过一番观察和试验,戴维发现氧化亚氮有镇痛作用。于是,戴维郑重其事地向医学界建议:可以用氧化亚氮做麻醉药。

然而,戴维的建议并没有得到医学界的重视。

在 45 年后的 1844 年,美国的化学家柯尔顿注意到了戴维的发现。当时美国正在流行所谓的催眠术。柯尔顿发现,氧化亚氮可以让人舒舒服服地进入梦乡。他想,这药与其作为麻醉之用,还不如作为催眠之用。于是,柯尔顿就用罐子装了一罐氧化亚氮,到各地做旅行演讲,并当场给人做示范表演。

一次，在柯尔顿滔滔不绝地讲完氧化亚氮的妙用之后，一位听众当场吸了几口氧化亚氮。没想到，这位听众在即将入睡时，一跃而起，哈哈大笑，发疯般地乱跑乱跳，全场哗然，骂柯尔顿是"江湖骗子"。柯尔顿悄悄地带着装氧化亚氮的罐子溜走了。从此，氧化亚氮又被人叫做"笑气"。

在柯尔顿演讲的现场，有一位观众，他的名字叫威尔士。威尔士是一位医生。在柯尔顿的这场失败的表演中，他发现那位"发疯"的听众脚部受了伤，却没有丝毫痛苦的感觉。威尔士估计笑气有止痛功能。他想，笑气用于拔牙准行。

经过反复多次临床应用，威尔士的判断得到了证实。威尔士决定向各医疗单位推广他的麻醉术。

1845 年 1 月，在美国波士顿的一家大医院，威尔士要演示笑气的应用方法。波士顿的许多医学界的名流和医学专业的学生都来观看。只见威尔士让病人吸几口笑气，然后开始拔牙。谁知威尔士急于求成，麻醉不足，结果病人大声喊痛。顿时，现场哄笑声四起，人们把威尔士当作骗子赶出了医院。

威尔士的失败当然有偶然因素，不过，也同时说明笑气的麻醉效果不是非常理想。威尔士的青年助手莫尔顿看到了这一点。他想，应该寻找一种更有效的麻醉药。

有一次，莫尔顿去拜访化学家杰克逊。几句寒暄之后，杰克逊告诉莫尔顿一件怪事："昨天晚上，我和几个朋友一起玩纸牌。大家正玩得高兴时，炉灯不亮了，我匆忙之中拿错了瓶子，把乙醚当作酒精加进了灯肚。灯点起来后，房间里弥漫着一种沁人心脾的清香味。不久，大家昏昏欲睡，连连出错牌，后来就趴在桌面上都睡着了。"

杰克逊无意之中说起的这件怪事，却给了莫尔顿极大的启迪。他马上想到：也许乙醚有催眠作用，可作为麻醉药。

回到家后，莫尔顿立即进行试验。他牵来一条狗，让它吸入乙醚蒸气。几分钟后，这条狗昏然入睡，任莫尔顿拳打脚踢，也没有任何反应。显然，它已经失去了痛觉。

　　此后，为了慎重起见，莫尔顿又多次做了动物试验，并在一些病人的小手术中进行临床试用。结果一次次地表明：乙醚的麻醉效果比笑气好，它是更为理想的麻醉药。

　　1846 年 10 月 16 日，在那所赶走威尔士的医院，莫尔顿要公开演示乙醚麻醉术。不少专家抱着怀疑的态度来看这场演示。手术时间快到了，一位下颚部长血管瘤的病人被推上了手术台。莫尔顿对病人进行了麻醉，病人渐渐地进入梦乡。主刀医生一刀下去，病人没有出现任何痛苦的表情，直至手术结束一阵子后，病人才苏醒过来。

　　"莫尔顿的乙醚麻醉术成功了！"在场的人们看到乙醚麻醉的效果如此好，情不自禁地欢呼道。

　　至此，外科手术中最大的障碍——病人的疼痛被扫平了！此后，乙醚麻醉术在世界各地传开，使千千万万的病人受益。

（刘宜学）

神奇的银针

——中国人发明针灸的故事

　　针灸，被誉为"古老的医疗之花"，是我国古代医学的一大发明。它有着操作简单、应用广泛、疗效迅速、安全经济等优点，千百年来一直受到人们的欢迎。

　　要了解针灸治疗的历史，先让我们来看一个中国古代有关针灸的故事。

　　元朝时期，有个叫程铭的人患了腿病，一位医生为其进行针灸治疗时，不慎将银针折断，情势急迫，于是请当时有名的针灸专家滑伯仁前来解救。滑伯仁气喘吁吁地赶到程家，看到程铭万分痛苦地躺在床上呻吟，右腿弓曲不敢动弹。那位施治医生焦急万分，用手紧紧捏住尚留在皮外的一点点银针断头，生怕银针陷入病人体内。程家一家老小，此时也急得六神无主，不知所措。

　　滑伯仁来到病人床前，冷静地告诫大家不要慌乱，并请围观的人全部出去，然后开始镇定自若地排险。他不是使用随意按摩的方法，而是沉吟了片刻，采用因势利导、声东击西的治法。因为他知道，针灸治病取穴一般不是头痛医头，脚痛医脚，而是头部的病取足部的穴位，左侧的病取右侧的穴位，内脏的病取四肢的穴位。

　　考虑到断针在患者的足少阳经脉的阳陵泉穴，滑伯仁便沿着这条经络循行，在离阳陵泉穴很远的风市穴扎下一根又长又粗的银针，并用力捻动起来。病人忍受不住这种强烈的刺激，痛得大喊大叫，汗流如注。这时风市穴旁的肌肉猛烈地抽搐着，而阳陵泉穴部位的肌肉却逐渐松弛下来，滑伯仁瞅着时机已到，忙向那医生丢了一个快拔断针的眼色。那医生心领神会，果断地将断针顺利拔出。接着，滑伯仁也在病人稍稍放松之时，拔出粗粗的银针。

一场严重的医疗事故，就这样化险为夷。

从这个故事中，我们可以想象得到，元朝时期针灸治病已经相当普及，而且水平相当高。其实，中国针灸技术早在元朝之前就已经相当发达了。据史书记载，春秋战国时期的名医扁鹊就已经开始利用针灸治病，曾将一名昏迷几天的病人治好，留下"起死回生"的美名。到了三国时期，名医华佗更是精通针灸。他取穴准确，十分注重针感传导，对古代针灸技术进行了许多创新。不过，针灸技术并不是某一个人的独创，而是古人长期实践的结晶。那么，针灸是怎样发明的呢？

原来，针灸包括针刺和灸灼两种不同的疗法。最初，人们的身体外部某一部位无意被碰破或划伤，结果却使原有的某种疾病有所减轻，甚至痊愈；或者患有某种病痛的人，通过按摩、捶拍病痛部位，结果使病痛缓和、好转。经过多次观察和反复试验，人们发现通过这种方式，刺激人的某些体表部位有治疗疾病的作用。再经过长期的摸索探究，就慢慢地形成了针刺疗法。灸灼的方法则是起源于古人用火取暖时，发现某些病痛可以用加热身体某些部位的办法来减轻。之后经过多年的实践，人们就发明了灸灼疗法。

这枚神奇的银针能使聋哑人恢复听觉，能让瘫痪病人站立起来，能用在外科手术上作针刺麻醉，等等。后人对古代的针灸疗法做了全面的研究，不断创造医疗史上的奇迹。今天，中国针灸这朵鲜艳的"古老的医疗之花"依然开放在医学领域里，继续发挥其应有的作用。

（沙 莉）

"外科医学之父"

——帕雷发明结扎止血法的故事

让我们一起来回顾一下 16 世纪在欧洲进行外科手术的情景。

当时，欧洲的一些国家相互开战。有战争就有伤员，为了使伤员能得到及时救治，战地救护队在靠近前线的地方找了一片比较宽敞的地方，因陋就简地支起了帐篷。帐篷里陈设着各式各样的刀、锯、斧和几只笨重的木椅。帐篷外烧着一盆熊熊的炭火，里边搁着几把烙铁。战地军医和他的身强力壮的助手们进进出出，忙得分身乏术。一位伤兵被抬进来了。这位伤员右腿被打断了，血流不止。他疼痛难忍，正在绝望地呻吟着。医生为了保住他的生命，决定给他施用截肢手术。

手术开始了，医生们把他绑在椅子上，由几名壮汉手持锯子拉来扯去强行锯下了那条受伤的腿。在一阵又一阵瘆人的锯骨声中，伤员疼得歇斯底里地大喊大叫，让人心惊肉跳。那位可怜的伤兵一面要忍受创伤的痛苦，另一面还要经受这种近乎野蛮的外科手术的折磨，这样的人间惨象，让人不忍直视。

可是，事情还没有完。截肢的手术完成后，锯子锯开的新创面血流不止，必须立刻止血，否则伤员将因为失血过多而死亡。为了止血，医生从燃烧的炭火中抽出红红的烙铁猛地烙在伤员伤口上。这种使用烙铁止血的办法能使创面局部结疤，止住流血，但伤员也大都在这种残酷的治疗中痛得昏死过去。因此，当时的伤员一提起外科手术，就心惊肉跳、不寒而栗。一般而言，人们要不是到了万不得已之时，谁也不愿意走进手术室接受这种炼狱般的折磨。

　　法国的帕雷是一位长年在军中从事外科手术的理发师。他不忍心伤员经受这么剧烈的痛苦，便开始动脑筋琢磨如何改进外科手术，减轻病人的痛苦。渐渐地，他根据自己的丰富经验改进了许多手术器械，并且将过去用沸腾的油洗涤伤口的方法改为用温水洗涤，在相当程度上减轻了病人的痛苦。

　　不过，实施外科手术仍然存在着很多问题。最突出的问题是如何处理手术中的大血管出血。以往那种在手术后立即用烧红的烙铁烫灼伤口的办法，无疑是一种野蛮的酷刑，必须找到一种新的止血方法代替。可是，帕雷为此做了许多研究和实验也不得其解。伤员们撕心裂肺的嚎叫，依然在战地救护队的帐篷里不时响起。

　　终于，在一次偶然的事件中，他找到了新的突破口。当时，一个刚动过手术的伤员大血管正在大量出血，而慌乱的助手没有把烙铁准备好。怎么办？情急之下，帕雷用手里的手术刀按住了那根大血管，流血竟然停止了！这一意外的发现启示了帕雷：如果用夹子夹住大血管，不就可以止住流血了吗？

　　然而，夹子不能较长时间留在伤员的躯体上，几番试验之后，帕雷终于发明了一种用丝线结扎血管的新方法——结扎法。结扎法在临床应用中效果奇佳，伤员们再也不用胆战心惊地经受那番“炮烙之刑”了。后来，帕雷每次使用结扎法之前，都要先把丝线放在锅里加热蒸煮消毒，之后再将其用于手术当中将血管扎住。

　　这种用结扎血管来代替烧灼组织的结扎法，使外科手术中的截肢术取得了重大进展。

　　帕雷在临床外科治疗上带来的一系列根本性改革，破除了几百年来西方外科学上带有迷信色彩的粗暴治疗手段，使病人受到合乎人道的医疗诊治，将外科治疗提高到科学的高度。后来，人们称这位法国的理发师为“外科医学之父”。

（沙　莉）

"挤奶姑娘为什么不得天花？"

——琴纳发明牛痘免疫法的故事

1979 年 10 月 26 日，世界卫生组织在肯尼亚首都内罗毕正式宣布：天花已经在人间灭绝了。为了充分证实这一点，世界卫生组织还别出心裁地设立 1000 美元的悬赏。此后首先鉴定出一例天花患者的人，就可获得这笔奖金。可喜的是，这笔奖金至今无人问津，说明天花确确实实已绝迹了。

这一天来得不容易！数千年来，天花给人类带来了巨大的灾难。它曾经在世界各地蔓延。人要是得了这种病，就整天发高烧，很容易病死；侥幸不死的，病人的脸上也将永远留下丑陋的疤痕，成了大麻脸，甚至变成瞎子。18 世纪，由于天花的传播，仅在欧洲就有 1.5 亿多人病死。

这"恶魔"是怎么被降伏的呢？

早在 1000 多年前，我们的祖先就有一种对付天花的土办法了。我国的医学古籍《痘疹定论》里，就记载了一个故事：

在宋朝真宗年间，天花在各地流行，许多小孩因此夭折。丞相王旦很担心小儿子王素染上天花。他听说峨眉山上有一位道士能用"仙方"预防天花后，喜出望外，连忙派人将道士请到京城。

道士看过王旦的小孩后，便从葫芦中取出一小包药末，将药末放在小竹管上，然后将竹管对准小孩的鼻孔，轻轻将药末吹入。道士对王旦说，十天之后，小孩会有点发烧，再过两天，身上会出现一些红色的斑点；但烧退之后，小孩身体很快就会康复，以后他就不会再得天花了。后来，王旦的小孩果然没有染上天花。

这种"仙方"药末其实不是什么灵丹妙药，而是用天花病人身上的干痂研成的，含有天花病毒。把药末吹入小孩鼻内，小孩就会染上轻度天花。小孩体内有了抗体，也就不会再得天花了。

我国古代把天花称为"痘"，把道士的这种预防方法称为"种痘"。这种方法曾在民间广为应用，在 17—18 世纪传到世界各地，拯救了无数生命。

不过，种痘法并不十分安全。因种种原因，有的人种痘后没有效果，也有少数人因种痘而死去。直到 1796 年，英国的乡村医生琴纳发明了牛痘免疫法，人类才彻底征服了天花。

琴纳是一位责任心很强的医生。他曾眼睁睁地看着许多病人患天花死去，却毫无办法。为此，他感到很痛心，发誓要攻克天花防治的难关。

有一次，琴纳要统计几年来村里死于天花以及出现天花症状的人数。他挨家挨户地登记，发现几乎各家各户都有人被天花夺去性命，天花的危害使琴纳感到触目惊心。但是，当到一个养牛场登记时，琴纳发现了一个奇怪的现象：养牛场的挤奶姑娘竟没有一个死于天花或变成麻脸。

这是怎么回事呢？

琴纳想，这一定跟牛有关。于是，他问挤奶姑娘："你们的牛是否也会得天花？"

"会的，可是牛却很少死去，也不会变成麻脸，只是在牛的皮肤上出现一些小脓疮。"挤奶姑娘回答道。

"这牛的天花可能与挤奶姑娘不得天花有关。"琴纳联想到中国的种痘法，"种过痘的人，不会再得天花；挤奶姑娘也许是得了牛天花，而不再感染上天花。"

为了弄清原因，琴纳此后多次在牛棚内观察。他发现，挤奶姑娘确实会染上牛天花。不过，得了牛天花，只是出现手指间长水疮、低烧、局部淋巴结肿大等症状，过不了多久就会痊愈。

至此，琴纳初步断定：人得了牛天花之后，就不会染上天花。那么，可不可以像中国种痘法一样，给人种牛痘，以预防天花呢？于是，琴纳投入到牛痘接种的实验中。

从 1788 年开始，琴纳连续进行了八年的观察和实验。在这八年中，他走访了大量的养牛场，取得了大量的数据，并对人得牛天花后的症状等做了深入研究。他由此研究得出结论：人接种牛痘可以预防天花。

1796 年 5 月，琴纳第一次在人身上种牛痘。接种牛痘的是一个八岁的男孩，名字叫菲普斯。琴纳找到了一个刚感染了牛天花的女孩，从她身上取了一些痘疮的疱浆种在菲普斯的左臂上。开始三天，菲普斯感到稍微有点不舒服，可很快就恢复了正常，只是在种牛痘的地方留下一个不大的疤痕。六周后，琴纳给菲普斯种上人类天花的痘浆，菲普斯没有出现任何的天花症状。这说明种牛痘的方法是有效的，也是完全可行的。

"琴纳发明了一种预防天花的好办法。"消息一传十、十传百，人们纷纷来找琴纳接种牛痘。

1797 年，琴纳在成功进行牛痘接种 1000 多例的基础上，将自己的成果写成论文，送到皇家学会。可当时的医学界权威对此抱怀疑态度。有的人认为，接种牛痘的人会长牛尾巴和牛角，甚至连著名哲学家康德也担心，种牛痘的人会出现牛的粗野特性。琴纳受到了科学界的围攻。然而，科学是不可战胜的。此后，牛痘疫苗接种在世界各地传开，"天花恶魔"逐渐被人类彻底征服。

（沙　莉）

医者之笛

——雷奈克发明听诊器的故事

1801 年，颇负盛名的法国大医学家柯尔比萨家中，来了一位不速之客。他就是刚刚 20 岁出头的雷奈克。

柯尔比萨看着这位精明强干的年轻小伙，和蔼地问道："你有什么事找我吗？"

"我来自一个医学世家，慕您的盛名，想拜在您门下学医。"雷奈克彬彬有礼地回答。

柯尔比萨再次认真地打量眼前这位年轻人，但见他眼中流露出祈求和诚恳的神色。凭着直觉，柯尔比萨觉得这位年轻人身上有一股说不出的毅力。于是，雷奈克顺利地被柯尔比萨接纳，在医院里做柯尔比萨的助手。

出于对柯尔比萨的尊敬和对医学的无比热爱，雷奈克极其刻苦地学习、工作，赢得了医院上下的一致好评。五年后，雷奈克成了这家医院的主任医师。柯尔比萨指定他专门研究结核病的治疗。

在治病救人的职业生涯中，有一件事让雷奈克伤透脑筋，那就是当时并没有现代医生的必备器械——听诊器。在对心肺部位患有疾病的病人检查时，只能一边用耳朵直接贴附在病人的胸部，一边用双手来摇动病人的身体，借此判断病情。这种原始的诊断方法存在很多缺陷，比如，遇到肥胖的病人就失灵了，病人体内过多的脂肪影响了听诊，甚至造成误诊。更糟糕的是，遇上患有心脏病的患者，其身体经医生双手摇动这么一折腾，有的还将招致生命危险。

怎么办？

为了解决这个问题，雷奈克食不甘味，绞尽脑汁，还是没能找到解决的办法。

一天，雷奈克从医院里出来，想到医院附近的一个小公园里呼吸一下新鲜空气。突然，他的思绪被公园里玩跷跷板的一群男孩的嬉闹声打断。顺着声音望去，他发现孩子们正在木制跷跷板上做游戏。只见他们一个蹲在这头，把耳朵紧贴跷跷板，一个站在另一头，用一枚铁钉在板上轻轻地划着。"听到了！听到了！"奇怪！通过木板，另一头竟然能清楚地听到划木声。

正苦于"听不到"的雷奈克，赶紧走进孩子圈里，学着孩子们的姿势，单腿跪地，将耳朵贴在木头上。果然，一阵清脆明晰的划木声传入耳中。雷奈克按捺不住兴奋，孩子似的大叫起来："听到了！听到了！"

随后，雷奈克大步流星地赶回医院，临时找来一本书的封面，把它卷成圆筒状，将圆筒的一端放置在病人的心脏部位，另一端贴在自己的耳朵上。他惊奇地发现，这样听到的声音甚至比以往用耳朵贴紧胸部直接听更为清晰。

此后，每逢工作之余，雷奈克便像孩子一样，用各种各样的材料制作成各式各样的筒筒棒棒，并且用它们来对患者进行心脏的实验性检查。最后，他在几年的思考与实验之后，设计并制造了世界上第一个木质听诊器。这个在今天看来极其简陋的听诊器呈直管状，空心，长30厘米，管腔直径5毫米，在管子的两端各有一个喇叭形的听筒，直径3厘米。当时，雷奈克把它命名为"胸部检查器"。

更有趣的是，由于这种直管状的听诊器外观颇像笛子，因此，在很长一段时间，人们把它称为"医者之笛"。

手握"医者之笛"的雷奈克，奏响了患者心中的希望之歌。他利用这简陋的听诊器，开始了前无古人的工作，那就是熟悉每一个健康人和各种疾病患者的胸、背、腹各部位的音响特征，然后通过不断实验、对比和总结，得出可供医生参考的诊断意见。这样，积多年研究之心血，雷奈克终于完成了他的著作《心肺疾病间接听诊法》。

从此，每位医生手中都有了一件与病魔作斗争的有力武器——听诊器。它给医生装上了明辨细微的"顺风耳"，也给患者带来了生命的福音。

（沙　莉）

"生命就是血"

——布伦德尔发明输血术的故事

血，这种暗红色、黏稠而带有腥味的液体，很早就为人类所认识。

在茹毛饮血的原始社会，人类在与野兽搏斗时，经常看见鲜红色的血。而且，他们还发现人或动物流血过多，就不可避免地死亡。于是，人们认识到血液与生命息息相关，甚至认为"生命就是血"。

奴隶制时代，古罗马的环形角斗场上经常举行角斗士相互厮杀的表演，成千上万的观众观看着一幕幕鲜血淋漓的生死格斗。每当角斗士将剑柄重重地扣在对手的背上，发出沉闷的响声时，或者用锋利的剑尖直刺对方胸膛，鲜血四溅的当儿，疯狂的罗马贵族们就发出阵阵骇人的尖叫和病态的狂笑。甚至有一些观众涌向倒毙在血泊中的角斗士，用舌头去舔吸那些不幸倒下的奴隶身上流淌的鲜血。愚昧和无知让人们相信：舔食角斗士的鲜血，可以使自己"体格强壮""意志坚定"。更有甚者，中世纪的罗马教皇英森诺八世患中风，一病不起，当前来会诊的医生们面面相觑、束手无策时，一个医生提出了一项荒唐透顶的建议，让教皇饮用具有青春活力的人的血来治病。这简直是无稽之谈！但权力至上的统治者为了苟延残喘，竟残忍地割开了三个青春少年的血管。当然，饮人血的教皇并没有因为饮用青年人的鲜血而站立起来。

这些故事都发生在哈维发现人体血液循环原理之前。1628 年，血液循环这一划时代的发现把生理学确立为一门科学，从而给神秘的鲜血赋予了全新的意义。

科学告诉人们：人体内的血液在一个密闭的血管系统中环流不息地运

动着。所以，想要给人们补充血液，根本不能通过喝血这种手段，而必须直接将血液输送到血管当中。

于是，勇敢的人们又开始了血管输血的伟大尝试。不过，由于对血液的本质还充满着无知和迷信，人类最初的输血尝试在一出悲剧中落下帷幕。

故事发生在 1668 年，法国一位名叫丹尼士的医生，接受了一位妇女的请求：把新生羊羔的血液输入她丈夫的血管内。为什么呢？因为当时人们不仅把血液看作维持生命必不可少的东西，而且错误地认为血液是决定人类一切气质和性格特征的基础。在普通人的心目中，可爱的小羊羔温雅文静，既不贪食也不醉酒，更不会放纵自己，属于人见人爱的性格。那位法国妇女的丈夫性格暴戾、嗜酒如命，因此，他的妻子天真地相信，输入新生羊羔的血液，对改变她丈夫的性情会有好处。

丹尼士医生于是大胆地割开了这位丈夫的血管，用一根金属管把他的血管和羊羔的股动脉连接起来，输入了约 150 毫升新生羊羔血，后来又输了一次。在两个月后的第三次输血中，悲剧出现了：这位可怜的丈夫突然感到腰部剧烈疼痛，胸口发闷，心跳加速，最后在狂躁中死去，成了人类输血史上第一个牺牲者。

那位鲁莽的丹尼士医生也被指控为"过失杀人"而锒铛入狱。从此，输血被当时的法律明文禁止，医生们也把它视若畏途，不愿再冒风险。

时光悄悄地流逝。在此后的医疗实践中，医生们看到一个又一个患者因大量失血而死在手术台上。"要是能输血就好了！因为这能使无数垂危的病人摆脱死神的纠缠。"

科学是智者的事业，更是勇士的战场！

英国的一位妇产科医生布伦德尔就是一位科学战场上的勇士，他坚信输血能挽救病人的生命。在医院的产房里，布伦德尔亲眼看到许多产妇因分娩时大出血而不幸死亡。每当这时，具有强烈使命感的布伦德尔就想：这些产妇既然是因出血而死去，那么，要是能及时为她们补充失去的血液，就一定能挽救她们的生命。

本着科学的精神，布伦德尔放弃了那种为改变人的性格，而把动物血输给人体的愚昧做法。为了挽救大出血病人的生命，他大胆地开始了人与人之间输血的伟大尝试。

布伦德尔设计了好几种输血的器械。他先是采用黄铜制造的注射器，抽取健康人的血液，注入病人的血管中；后来又设计了漏斗状的唧筒输血管，在漏斗壁的夹层中还可以注入温水，以保持血液的温度；最后又制成了以重力作为输血动力的重力输血器，并取得了令人满意的效果。

1818 年，在伦敦举行的医学年会上，布伦德尔矫捷地登上讲坛，做了人与人之间输血成功的第一个案例报告。此时，距 1668 年丹尼士将动物血输入人体尝试惨败恰好整整 150 年。

这样，湮没了一个半世纪的输血术，经过布伦德尔的不断努力，终于又重新兴盛起来，挽救了许多大出血病人垂危的生命。

循着布伦德尔成功的足迹，后人对输血的方法、器械等作了各种改进，取得了很大进步。到了 19 世纪末期，由于外科无菌手术的出现和防止血液凝集知识的积累，输血术终于从幼稚走向成熟。

今天，输血对于施行较大手术的病人已是不可或缺的重要措施，输血的概念也随着科学的日渐昌明而深入人心。

（沙　莉）

母亲的救星

——塞麦尔维斯发明无菌手术的故事

在今天的现代化医院里，手术都是在无菌情况下进行的。在手术前，人们必须采取种种措施，对手术室、医疗器械进行消毒，医护人员还须穿上无菌手术衣，戴上经过灭菌的橡皮手套等，以确保手术在无菌情况下进行。

可是，仅仅在 100 多年前，手术时的情形还迥然不同。那时，病人手术后的伤口化脓一直是外科病房的奇灾大祸。医院里，几乎每 10 个手术病人中就有 8 个死于手术后刀口化脓。

由于外科手术后的伤口化脓是司空见惯但又十分可怕的现象，当时的外科医生就把伤口的化脓看成是伤口愈合的必经阶段。在当时留下的病历记载中，几乎毫不例外地有这样的文字："手术伤口顺利地进入了化脓过程。"有人甚至将化脓当作愈合前的标志，而赞美起这令人作呕的污臭脓疡。

最为严重的是，那时人们并不知道伤口化脓的真正起因是致病细菌感染，因此医院里没有任何"消毒"的概念，手术室里常常是杂乱和肮脏的。病人的血迹、脓液到处流布，手术的器械和包扎伤口用的绷带、敷料都从不消毒，而是在病人之间反复交替使用。

这样的情形想想就觉得可怕！但是怎样才能防止伤口化脓，让手术室里的悲剧不再重演？历史将这一富于挑战性的任务交给了匈牙利年轻的医生塞麦尔维斯。1840 年，和当时所有渴望学习、追求真理的匈牙利青年一样，性格坚毅的塞麦尔维斯告别祖国，来到维也纳学医。

维也纳是欧洲的音乐之都，辉煌华丽的音乐厅，绿荫遮掩的咖啡馆，四处都流荡着优美动人的旋律。年轻的塞麦尔维斯内心深处，也无时不在激荡着一曲报效祖国的交响乐。他废寝忘食地学习，不知疲倦地工作，终于成了维也纳第一产院的一名产科医生。

在人生驿路的起点处，塞麦尔维斯听到新生儿第一声清亮的啼哭，看到疲惫的产妇嘴角边的微笑，心里感到无比快慰。

不过在那时，产妇分娩，不啻一次生死攸关的严峻考验。因为，不少产妇在分娩之后染上一种致命的病症——产褥热。患者出现寒战、高烧等症状，最后挣扎着、呻吟着，抛下初生的婴儿，悲惨地死去。产褥热就像一道魔影，笼罩着欧洲各大城市的产院。每10个住院产妇，至少有1个死于这种可怕的病症。

面对婴儿凄惨的啼哭，产妇临死前绝望的眼神，具有高度同情心和责任感的塞麦尔维斯感到无比的忧伤和内疚，他立志用毕生精力去追查产妇死亡的祸根，寻找拯救她们生命的办法。

塞麦尔维斯开始了一系列细致入微的调查研究。他所在的产科医院有大量医学院的学生在实习，他发现，每当医学院的学生们放假时，产妇的死亡率就会降低。更令人不解的是，有的产妇临产匆忙，在赶赴医院途中就分娩了，住院后不再需要医生接生和检查，却往往不会患产褥热。

这是为什么呢？

正当塞麦尔维斯百思不解时，一件不幸的事故发生了。他的一位专门从事病理学研究工作的好朋友，有一次在对产褥热死者的尸体解剖中，不小心割破了自己的手指，结果也出现了产褥热患者类似的症状，最后悲惨地死去。

要知道，当时的医学刚刚从黑暗的中世纪的桎梏下挣脱出来，法国生物学家巴斯德尚未发现病菌是人类各种传染病的罪魁祸首，因此，对产褥热的病因，医学界尚一无所知。难道这位不小心割破手指的医生是受产褥热病人身上的某种"毒物"的传染而发病死亡？塞麦尔维斯推断：造成产科医院产妇死亡率高的原因，和他这位朋友的死因相似。因为，当时医学院的学生都要练习尸体解剖，学生们在做完病理解剖之后，其双手未经过彻底清洗和消毒，就去为产妇检查、接生，结果"毒物"侵入产妇的创口，造成产妇染病死亡。最后，勇敢的塞麦尔维斯得出结论：是医生们自己用受污染的双手和器械，将"毒物"带给了产妇，导致了产褥热。那么，怎么解决这个问题呢？

为了消灭产褥热这种可怕的疾病，塞麦尔维斯针对产褥热发生的原因和传播的途径，严格要求医学院实习生和产科医生们进入病房之前，必须将自己的双手以及检查病人的一切器械，在漂白粉溶液中浸泡消毒，并且尽量保持产房清洁。

这些措施在医学史上首开无菌手术的先河，产褥热的死亡率因此很快降低到0.6%，无数年轻母亲的生命得到了挽救。

为了缅怀塞麦尔维斯的不朽功绩，人们在维也纳的广场上，竖起了他的雕像。今天，无数年轻的母亲带着她们的儿女，来到这位被誉为"母亲的救星"的伟人像前，投之以崇敬的目光。

（沙　莉）

"我只是尽我所能罢了"

——巴斯德发明狂犬疫苗的故事

1892年12月27日，巴黎大学的大厅里张灯结彩，人们正举行一场盛大的宴会，以庆祝巴斯德的七十寿辰。出席宴会的除了法国科学界的代表，还有来自欧洲其他国家的科学泰斗们。当瘦小而跛脚的白发老人巴斯德挽着总统的手臂步入大厅时，乐队奏起欢快的进行曲，全场欢声雷动。许多祝词都颂扬了杰出的生物学家和化学家巴斯德对人类作出的巨大贡献，但年已古稀的他仍然像孩子一般谦虚，只说了一句："我只是尽我所能罢了。"

这位伟大的科学家，以毕生的精力，结合社会需要，对蚕病、鸡霍乱、炭疽、狂犬病都做过深入的研究。他还发现了狂犬疫苗，将无数患者的生命从死亡的悬崖上拉了回来。

一天中午，特尔逊医院医生兰努隆的车夫火急火燎地赶到巴斯德研究所，请巴斯德赶到医院去。因为刚有一个五岁的男孩入院，经检查是狂犬病患者。

当巴斯德带着助手赶到医院时，这个可怜的小男孩已出现痉挛。医生采取相应措施后，痉挛停止，但男孩的喉咙就像被什么东西卡住一样，发出骇人的叫声。小孩想喝水，但怎么也喝不到嘴里。水从嘴角流了出来，他的口里吐着唾沫。过了一会儿，小孩刚刚安静下来想入睡，痉挛又重新发作起来，喉咙又发出像被卡住一样的骇人叫声。在一而再再而三的连续发作中，小男孩渐渐地耗尽了体力。由于喝不上水，唾沫堵塞着喉咙，男孩呼吸变得更加困难，最终窒息而死。

面对又一个年轻的生命被病魔吞噬，巴斯德难受极了。他真想立即擒住病魔，为人类祛除灾难。

男孩死后 24 小时，巴斯德从其尸体嘴里取出唾沫加水稀释，然后分别注射到五只兔子的体内进行观察。不久，这些兔子都得了狂犬病死去。巴斯德又从这些死兔子的口中取出唾沫，加水稀释后再注射到其他兔子的体内，这些兔子也无一幸免。

很明显，唾沫中可能存在着引发狂犬病的病原体。巴斯德用显微镜反复观察，却怎么也找不到病原体。

"找不到病原体，并非就没有病原体。不过，要是发现不了病原体，就谈不上征服狂犬病。"巴斯德陷入了深深的思考。

后来，巴斯德和助手对狂犬病作了仔细的观察，他们发现：无论是人还是动物，只要患上狂犬病就一定会发生痉挛，不能吃东西，症状几乎一样。因此，巴斯德和助手相信病原体可能在动物的神经系统中传播。于是他们就将疯狗的脑壳打开，抽取毒液直接注射到其他动物脑中，结果被注射的动物，过了不久就发狂犬病而死。实验证明，那种用显微镜也看不见的狂犬病毒就在狗的脑髓里。

为了培养狂犬病疫苗，巴斯德及其助手们费尽心血。他们用兔脑来培养致病强度不一的病菌，在连续注射到百次以上后，最强的病菌仍能使兔子 7 天发病，最弱的病菌也可 28 天致病。但是，适宜作疫苗的病菌仍然没有培养出来。

"坚持下去，总会有结果的。"巴斯德不时与助手们相互勉励。

功夫不负有心人。终于有一天，巴斯德发现实验室里一只被注射过病菌的狗在发出一阵轻微的叫声之后，恢复了正常。再过一段时间，他们向这只病愈的狗注射了毒性最强的一针病菌。几个月过去了，这只狗仍然健康地活着。看来，它已经获得了免疫的能力。

经过深入研究和反复实验，巴斯德终于找到了一种切实有效的培养狂犬疫苗的方法：从一只病死的兔子身上抽出脑脊髓，挂在一只微生物不能侵入的瓶中，使其干燥萎缩。14 天后，再把干缩的脑脊髓取出，将它磨碎，加水制成疫苗，直接注射到狗脑中。第二天再用干缩了 13 天的病脊髓注射进去，这样逐步加强毒性连续注射 14 天。过一段时间，再给狗注射致命的病菌，结果狗没有发病。这样，狂犬疫苗研制成功了。

巴斯德为男孩麦士特注射狂犬疫苗

　　可是，给人注射这种疫苗有把握吗？已被狂犬咬伤再进行注射疫苗还来得及吗？这两个疑难问题一直在巴斯德的头脑中萦绕。人命关天，巴斯德必须慎之又慎。

　　一开始，他决定在自己身上做实验，但遭到了许多人的反对。一天早晨，研究所门外来了一个满面愁容的中年妇女，她领着一个小孩，恳求巴斯德救救她的孩子。原来，这小孩名叫麦士特，在放学回家的路上被狂犬咬伤，伤势十分严重。在医生们的支持下，举棋不定的巴斯德决心试着给麦士特注射疫苗。经过 14 次注射之后，孩子伤口痊愈，没有任何狂犬病症状。一个月后，这个幸运的男孩挽着妈妈的手，活蹦乱跳地走出了研究所。

　　狂犬疫苗试验的成功，轰动了整个欧洲大陆。消息越传越远，来自世界各地的贺信雪片似的涌向巴斯德研究所。

　　巴斯德拯救了无数的病人，人们都为他杰出的成就而欢呼，并亲切地称他为"伟大的学者，人类的恩人"。

（沙　莉）

最高的奖赏

——杜马克发明磺胺药的故事

当历史老人跨入 20 世纪后，人类逐渐地探明了许多疾病的病因。不少致病的"罪魁祸首"——细菌在高倍数的显微镜下原形毕露。于是，医学家和化学家们便开始寻找抗菌的药物。

20 世纪 30 年代，德国化学家格哈特·杜马克也开始了寻找细菌"克星"的工作。他认为这是一项极有意义的工作。因为一旦找到理想的抗菌药物，将拯救千千万万的生命。于是，杜马克整日泡在实验室里，夜以继日地进行筛选工作。功夫不负有心人，他终于寻找到了有杀菌作用的红色染料——百浪多息。

为了证实百浪多息的杀菌效果，杜马克做了一个对比试验：给一群健康正常的小白鼠注射一些溶血性链球菌，然后将注射了细菌的小白鼠分成两组，其中一组注射百浪多息，另一组什么都不注射。不一会儿，没有注射百浪多息的那组老鼠全部死去，而注射百浪多息的那组老鼠有的死里逃生，有的虽然死去但生存时间延长了许多。这是一个伟大的发现，一时间轰动了欧洲医学界。

但是，这只是在通向终点的道路上迈出的第一步。杜马克清醒地认识到：要让这种药在临床上得到应用，前面还有很长的路要走。

首先是要从百浪多息中提炼出有效的成分。究竟是百浪多息中的哪些化学物质有杀菌作用呢？

杜马克从百浪多息中提炼出一种白色的粉末，即磺胺。接着，他在狗的身上做实验。他先将溶血性链球菌注入狗的肚子里。过了一阵子，原本活蹦乱跳的狗卧倒在地上，大口大口地喘气，伸出火红的舌头，无神的眼睛一动不动。此时，杜马克将磺胺注射入狗的体内。不一会儿，狗又恢复了原来的状态，摇摆着尾巴，在杜马克的身边蹦蹦跳跳。

至此，杜马克明白了，磺胺具有出色的杀菌作用。为慎重起见，杜马克还在兔子身上做试验，结果取得了预期的效果。

磺胺的杀菌作用不容置疑。可是，对任何药物来说，只有临床效果是最有说服力的。杜马克要寻找合适的机会，对磺胺的杀菌作用进行临床试验。

一天夜晚，杜马克从实验室回到家，发现女儿爱莉莎发高烧。经询问，他了解到女儿白天在玩耍时手指不小心被割破了。作为与细菌打了多年交道的科学家，杜马克知道，这是那可恶的链球菌进入了女儿的体内并在血液里繁殖。

杜马克连忙请来当地最好的医生，医生给爱莉莎打了针，开了药。可是，她的病情不但没有得到控制，反而逐渐恶化。到后来，爱莉莎全身不停地发抖，人也变得沉沉欲睡。这是不好的征兆，杜马克又立即请来了医生。医生对爱莉莎做了检查，然后叹口气，说道："杜马克先生，实不相瞒，细菌早已侵入爱女的血液里，并引发了溶血性链球菌败血症，没有什么希望了！"杜马克听到这句话，只觉得天旋地转，双脚发软。望着女儿苍白的小脸，杜马克的心在颤抖。忽然，他意识到，此时不是悲伤的时候，哪怕女儿有百分之一生存的希望也不能放弃。

"对了，自己不是研制出了磺胺药吗？虽然临床上还没有用过，但这时候别无选择了。"杜马克心想。于是，他直奔实验室，取来磺胺药，将它注入爱莉莎的体内。

时间一分一秒地过去了。杜马克目不转睛地盯着爱莉莎，期待着奇迹的出现。

果然，第二天清晨，当旭日从天边冉冉升起之时，爱莉莎睁开了惺忪的睡眼，柔声地说道："爸爸，我舒服多了。"杜马克给爱莉莎测量了体温，证实烧已经退了。杜马克高兴得跳起来，人世间没有比这更令人高兴的事了。

爱莉莎是医学史上第一个用磺胺药治好病的病人。事后，杜马克自豪地说："治好我的女儿，是对我发明的最高奖赏。"

由于杜马克发明了磺胺药，1939 年他被授予诺贝尔生理学或医学奖。可当时德国正处在法西斯统治之下，他被迫取消接受这个奖。第二次世界大战结束后，他才赶到瑞典斯德哥尔摩，正式领取诺贝尔奖。

（刘宜学）

"心与心能相通吗?"

——巴纳德等人发明心脏移植术的故事

1980年11月28日，在法国一位名叫维特里亚的妇女家里，举行了盛大的家庭庆祝活动。当地政府要人、医务界专家以及各大报纸、电台的记者，都参加了这一活动。维特里亚为什么要在这一天举行庆典呢? 为什么这一庆典引起了人们的关注呢?

原来，在12年前的这一天，维特里亚接受了换心手术，搏动在她胸腔里的心脏不是她的，而是一位死于车祸的士兵的。换心后，原本因患严重心脏病而濒于死亡的维特里亚仿佛焕发了青春，体质变得强壮，精神状态与以前也大不相同，她是当时世界上移植心脏后存活时间最长的人。

这种移花接木、借心还魂的治疗手段，可以说是现代医学的奇迹。它是如何诞生的呢?

人体就像一部结构复杂的大机器，每时每刻都在不停地运转。大家知道，机器的零件如果坏了，只要把损坏的零件换下，机器就可以照常运转。因此，当病人的心脏出了大毛病无法再工作时，医生们很自然地就会想到：要是能给病人换上一颗好的心脏多好啊!

其实，在很早以前，人们就有了这种换心的想法。在我国，传说2400多年前的名医扁鹊就曾经做过剖腹换心的手术，在340多年前蒲松龄所著的《聊斋志异》中也有换心手术的描述。在西方，有一则著名的古代故事《冷酷的心》，说的是一个青年人因换上一颗石头心脏而变得冷酷无情。当然，在古代，心脏移植只是人们一种美好的愿望。

真正的心脏移植手术实践是从20世纪初开始的。

1905 年，医学家卡洛尔做了一个大胆而有趣的实验：将一条狗的心脏取出，接到另一条狗的颈部皮下大血管上。结果，这颗离体的心脏居然搏动了两个多小时。这个实验说明，心脏离体后不会马上"死去"，还可以存活一段时间，并在异体中继续工作。由此，心脏移植研究的序幕拉开了。

从这以后，许多医学专家在这方面进行了深入的研究，取得了丰硕的成果。在这些基础上，医学家歌德伯格于 1958 年在狗的身上做了一次真正的原位心脏移植术：他先将一条狗的心脏切掉，使狗依靠人工心肺机体外循环维持生命；然后，将预先从另一条狗身体上取下的心脏放入接受移植的狗的原来心脏所在处，并按原来的样子缝接好所有的血管；最后，停止人工心肺机体外循环。结果，那颗移植后的心脏不负众望，继续有力地跳动着。在移植结束 17 分钟后，它才停止了跳动。这是一次意义重大的实验，从中，医学家们看到了心脏移植成功的希望。

1967 年 12 月 3 日，在南非开普敦市，一位极严重的心脏病患者被抬到手术室，医学家巴纳德要对病人施行心脏移植手术。此前，巴纳德从一位死于车祸的年轻人身上取下心脏，并用低温生理盐水灌注，以维持其细胞的活力。

手术开始了，病人经麻醉后，胸部被打开，人工心肺机体外循环开始工作。巴纳德麻利地切去病人病变的心脏，从盐水中取出供体——那位年轻人的心脏，然后将它放在病人原先心脏的部位，并缝合好各条血管。

无影灯下，巴纳德和他的助手沉默不语，但内心极不平静。他们都在期待人类医学史上的奇迹出现。

巴纳德用手轻轻地按摩病人那颗移植的心脏，心脏肌肉开始轻微地颤动，可是没有跳动。

"立即用电击器电击心脏，刺激它跳动。"巴纳德向助手说道。

助手们马上照巴纳德说的去做。只见心脏受电击之后，开始缓慢地跳动，不久就转入有规律的跳动。

"我们终于成功了！"巴纳德眼里噙着喜悦的泪花，与助手们拥抱祝贺。

手术后，那颗移植到病人体内的心脏一直正常工作。可惜的是，在手术后第 18 天，病人由于患严重肺炎而死去。

这是人类医学史上第一例成功的心脏移植手术。它的成功，开启了人类器官移植的新纪元。

（刘宜学）

20 世纪的"照妖镜"

——科马克、亨斯菲尔德发明 CT 机的故事

　　癌症是人类的大敌，每年全世界有 600 万人的生命被"癌魔"吞噬，以至于人们到了谈癌色变的地步。这是因为人体内的任何组织，都有可能罹患癌症，而且一旦发现常是晚期，针药已失去效力，回天乏术。

　　临床实践表明，任何疾病如能及早发现，治愈率就高；反之，则死亡率倍增。癌症也不例外。如果发现及时，癌症早期可通过手术医治。中国古典小说《封神榜》中讲到过一个叫赤精子的仙人，他有一面神奇的照妖镜，任何妖魔鬼怪只要让它一照，就会原形毕露。可这只是美丽的神话而已。怎么样才能给医生配上一面"照妖镜"，使病体内的"妖魔"无法藏身，暴露在"火眼金睛"前呢？

　　人类癌症的"照妖镜"在哪里？科学家们登上了探索的征程。

　　1895 年，维也纳报纸以显著版面报道了一则令人振奋的消息：德国科学家伦琴发现了神奇的 X 射线，它能透过血肉之躯看见人体的骨骼。

　　不久，这个消息传遍欧洲。德国皇帝威廉一世特意邀请伦琴携带仪器到皇宫演示。只见伦琴走到荧光屏前，用自己的手指去阻挡这种新射线，而荧光屏上出现了手指的形状，连骨头也可以看得一清二楚。伦琴弯曲手指，紧握拳头，荧光屏上的手指也跟着变了，甚至连熠熠闪光的钻戒也显示在屏幕上。1896 年，人类的第一面"照妖镜"即 X 光机被正式应用到临床医学上，用来检查人的骨骼、肺部的疾病。此后，成千上万的病人由于得到及时的诊断和治疗，大大增加了康复的概率。

　　可是，X 光机毕竟太过简陋了，透过它所看到的影像只是骷髅似的骨

骼或者肺病的阴影。而要准确无误地发现和观察病灶，看到人的内在器官的真实情况，医生们需要更加神奇的装备。

1957 年，美国物理学教师科马克在一家医院兼任技师。他目睹了大批癌症晚期患者，因未能得到及时诊治而痛苦地离开人世。为了更清楚地给人体摄像，他想把电子计算机和 X 光机结合起来，全面检查人体，以达到尽早发现癌症的目的。无独有偶，英国的一位电子学工程师亨斯菲尔德也有同样的设想。这两位素不相识的科学家远隔重洋，在各自不同的岗位上，为着一个共同的目标而不懈奋斗着。

经过多年的研究，他俩发现人体各部分组织对 X 射线的吸收程度各不相同，而癌组织和正常组织对 X 射线的吸收差别更大。如果用电子计算机分层计算它的吸收程度，癌症就会很容易被检查出来。

这可是一项了不起的发现！它预示着一个崭新的医疗时代的到来。

1972 年，世界上第一台用电子计算机控制的"X 射线层面扫描机"（简称"CT 机"）诞生了。CT 机可围绕人体作 360°的连续旋转扫描，将人体内需要检查的部位分成数以千计的小点。通过 X 射线显像机，人体内小至 5 毫米的病灶，都能被清晰地显示出来。人的脑、心、肝等器官，哪怕有一丁点儿的病变迹象，也逃不过 CT 机那双犀利的"眼睛"。令人尤为惊奇的是，X 射线摄下的照片可以用于断定肿瘤是良性的还是恶性的。这就大大方便了医生对癌肿的诊断。

目前，医生手中的"照妖镜"—— CT 机经过科学家们的不断改进，功能不断加强。今天，它已发展到了第六代，分辨率、安全性大大提高，检查病人所需的时间也大大缩短，由原先的几分钟变为几秒钟。CT 机已成了医生的得力助手。它的发明者科马克和亨斯菲尔德，也因此被瑞典科学院授予 1979 年度诺贝尔生理学或医学奖。

（沙　莉）

 机械·交通

上通天文，下知地理

——张衡发明浑天仪的故事

今天，在北京天文馆里，有一个大圆顶的天象厅。在那里，你可以舒适地坐在椅子上，惬意地仰观屋顶，清晰地看见点点繁星，宛若置身于茫茫无际的苍穹之下。

可是，如果将时光倒转 1800 年，当时的人们对于星星闪烁的夜空，有的只是神话般的幻想和虔诚的膜拜。一些在今天看来十分简单的问题，诸如，天是什么形状，地是什么模样，日月星辰又是怎样运转的，常常困扰着人们。

为了解释这些问题，一位生活在东汉时期的科学家，以他天才的思维和巧夺天工的技艺，制成了世界上第一台自动天文仪器——水运浑象。水运浑象也叫浑天仪，其作用相当于近代的天球仪，从某种意义上说，它就相当于一个小小的天象馆。

这位技艺精绝的科学家就是彪炳史册的张衡。

张衡于公元 78 年出生在河南南阳的一户官宦之家。在他还小的时候，家里比较穷，但家人还是节衣缩食地供他读书。他学习十分刻苦，尤其爱好探究天地之间的奥秘。

17 岁那年，他告别家人，开始四处云游，寻师访友。张衡先后游历了太华、终南，考察了关中，在长安骊山驻足，最后来到了当时的京城洛阳。在洛阳，他结交了不少饱学之士，他们常常聚在一起谈论天文、数学、历法。张衡从中汲取了许多宝贵的知识，为他日后的成就奠定了扎实的基础。

后来，张衡在洛阳担任太史令。太史令的职责是掌管历法、观测天象等。凡是皇家婚丧诸事、祭祀大典、工程开工等，都要由太史令择定良辰吉日；遇到国家有吉祥的征兆和突异的事情，也要由其记录下来向朝廷报告。

太史令这一职务，赋予了张衡得天独厚的科研条件。当时，对于天象运动，存在着两种解释：一种观点认为，天像一个斗笠，地像覆盖着的盘，日月星辰都沿着斗笠底移动，这种观点叫做"盖天说"。另一种观点认为，天地的模样像个鸡蛋，天包着地就像蛋壳包着蛋黄那样，浑圆得有如弹丸一般。天一半在地上，一半在地下，地的南北两极固定在天的两端，天和日月星辰都循着倾斜的方向而旋转，这种观点叫"浑天说"。

治学态度极为严谨的张衡，没有急于判定这两种观点孰是孰非，而是对天象进行了观测和研究。最后，他接受了"浑天说"。

后来，他以"浑天说"为基础，加上自己观测天象的心得，提出了一整套在当时最为先进、最为完备的浑天学说。他指出天是圆的，宇宙是无限的，并说明月光是日光的反照，月食是由于月球进入地球的暗影中而产生的。这些科学的发现和创见，使得张衡在世界天文学史上占有一席之地。

为了更好地解释"浑天说"，同时也是掌管天文历法工作的需要，他决定制造一个新型的天体模型，以此来准确、生动、通俗地展现天象的实际面貌。

首先，张衡把竹子削成一根根又细又薄的篾片，又把它弯成一个个竹圈，并在上面刻上不同的度数，然后用针线把竹圈穿起来。这样，他就做成了一个竹片制的小模型，它代表日月星辰运行的轨道。在反复试验和调整之后，他让工匠把它铸成铜质模型，并把这个模型称作"浑天仪"。

浑天仪以一个直径约1.18米的空心铜球代表天球，上面画有二十八宿、中外星官、互成24°交角的黄道和赤道等，黄道上又标有二十四节气。紧附于天球外的有地平环和子午环等。天体半露于地平环之上，半隐于地平环之下。天轴则架在子午环上，天球可绕天轴转动。同时，浑天仪又以漏壶流出的水作动力，通过齿轮系统的传动和控制，使球体每日均匀地绕天轴旋转一周，从而达到自动地、近似正确地演示天象的目的。

此外，浑天仪上还带有一个日历，能随着月亮的盈亏演示一个月中日期的推移，相当于一个机械日历。

在一个天气晴朗的夜晚，张衡把许多对天文有兴趣的官员请到太史令官邸来，参观和试验他新铸成的浑天仪。

张衡让一部分官员到户外观察天象，同时又请另一部分人留在屋内观察浑天仪。这时，满天星斗，皓月当空。一会儿，屋里的官员高声喊着某颗星出现了，某颗星在空中什么位置，某颗星不见了……这些室外观察到的天象变化，竟和室内浑天仪指示的一模一样。

到场的官员们不由得信服地赞叹："这浑天仪真是巧夺天工啊！"

（沙　莉）

航行的"眼睛"

——中国人发明指南针的故事

　　设想一下，穿梭在人迹罕至的深山密林里，行走在漫无边际的沙漠荒野中，或者颠簸在波涛万顷的汪洋上，人们怎样来辨别方向呢？你也许会脱口而出：白天，可以凭着太阳来测定方向；晚上，有明亮的北极星指引我们。可是，要是遇上阴雨连绵，终日不见阳光，或者黑夜浓雾，根本就看不见星星闪烁的情况时，又该怎么办呢？

　　中华民族的祖先很早就发明了航行的眼睛——指南针。有了它，不论航海、航空、勘察还是探险，人们都迷不了路。

　　指南针是什么东西做成的呢？我们伟大的祖先又是怎样发明它的呢？

　　指南针是磁铁做成的。磁铁又叫吸铁石，在古代称作慈石。因为它像一个慈祥的母亲吸引自己的孩子一样，一碰到铁就把它吸住。后来，人们才称它为磁石或磁铁。

　　2000多年前，我们的祖先就发现了磁石，并且知道它能吸铁。说到磁石的吸铁功能，还有这么一个有趣的传说：秦始皇统一中国之后，在陕西建造了一个富丽堂皇的阿房宫。阿房宫中有一个磁石门，完全用磁石打造。如果有谁带着铁器想去行刺，只要经过那里，磁石就会把这个人吸住。

　　此外，古书上还记载过另一个故事：汉武帝时期，有个聪明人献给汉武帝一种斗棋，这种棋子一放到棋盘上，就会互相碰击，自动斗起来。汉武帝看了非常惊奇。其实，这种情况并不奇怪，它们都是用磁石做的，所以能互相吸引碰击。

　　知道了磁石的特性之后，我们战国时代的先人发明了一种叫做"司南"

的磁石指南仪器。"司"的意思是"掌管",司南也就是专门掌管指示南方的仪器。

据后人考证,司南的样子像一把汤匙,这个汤匙就是用磁石制成的,它的一头被雕琢成长柄以指示方向,它的圆底是重心所在,磨得特别光滑,放在底盘上。只要把柄轻轻一转,静止下来后长柄所指的方向便是南方。

由于它在使用时必须配有底盘,所以也有人把它叫做"罗盘针"。司南可以说是世界上最早出现的指南针。但由于司南由天然的磁石磨制而成,在强烈的震动和高温的情况下,磁石容易失去磁性,并且司南在使用时还必须有平滑的底盘,这就很不方便。

到了北宋后期,人们发现钢铁在磁石上磨过之后也会带上磁性,而且比较稳固,于是就出现了人造磁铁。

人造磁铁的发明,促成了"指南鱼"的出现,这把测向仪器的制造水平又向前推进了一大步。指南鱼用一块薄薄的磁化钢片制成,形状像一条鱼,它的鱼头指向南极,鱼尾指向北极,鱼的肚皮部分凹下去一些,使它像小船一样,可以浮在水面上。让浮在水面上的指南鱼自由转动,等到静止时,鱼头总是指着南方。指南鱼比起司南来,在携带和使用方面都方便多了。

钢片指南鱼发明不久,人们便把钢针放在磁铁上磨,使钢针变成了磁针。这种经过人工传磁的钢针,就是沿用到现在的指南针了。

北宋著名科学家沈括在他的著作《梦溪笔谈》中,记述了当时指南针的四种装置方式:其一是"水浮法",将磁针横贯灯芯草,让它浮在水面上;其二为"指甲旋定法",把磁针放在手指甲面上,使它轻轻转动,由于手指甲很光滑,磁针就和司南一样,旋转自如,静止后指向南方;其三是"碗唇旋定法",把磁针放在光滑的碗口边上;最后为"缕悬法",在磁针中部涂一些蜡,粘上一根细丝线,用细丝线把磁针挂在没有风的地方。这四种方法可以说是世界上关于指南针使用方法的最早记载。

指南针的出现为航海提供了巨大的帮助,弥补了原有测向技术的缺陷,使人们在大海上航行时不再迷失航向、偏离航线,从而避免了大量的海难事故,开创了一个人类航海活动的新纪元。中国宋元时期海外交通事业的繁盛，明初郑和七次下西洋的航海壮举，都得益于指南针之助。指南针传入欧洲后，更促成了欧洲近代大航海时代的到来，谱写了世界历史的辉煌新篇。

因此，英国著名的科技史专家李约瑟十分中肯地评价指南针的发明。他说，指南针在航海中的应用是"航海技艺方面的巨大改革"，它把"原始航海时代推进到终点"，"预示了计量航海时代的来临"。

指南针，不啻人类在茫茫大海上航行的明亮的眼睛。

（沙　莉）

"文明之母"

——毕昇发明活字印刷术的故事

印刷术是著称于世的我国古代四大发明之一。它的出现，为人类传播知识提供了更为便捷的条件，从而在相当大的程度上促进了世界各国文化的交流和科学技术的发展，尤其对保存人类最优秀的思想文化遗产立下不可磨灭的功勋。其中，活字印刷术的发明在我国乃至世界印刷术发展史上具有里程碑式的意义。

活字印刷术的发明者叫毕昇。关于他的生平，史书中极少提到。大概是因为他只是个布衣，也就是没有任何官爵禄位的平民百姓。可正是这位布衣毕昇，撬动了历史的大车轮，加速了文明的进程。

毕昇的家乡在浙江杭州，这是一个风光秀丽、景色迷人的地方。他生活的时代是北宋时期。当时，雕版印刷已有300多年的历史了。

什么是雕版印刷呢？那是根据稿本，把文字抄写在半透明的纸上，再把纸反过来贴在比较坚实的木板（通常是枣木或梨木）上面，雕刻出凸起的反字，也就是所谓阳文，这种雕刻而成的木板就成了雕版。接着把墨涂在它的线条上，然后铺上纸，用刷子在纸上均匀地揩拭。这样，便可以印出白底黑字的印刷品来了。一页页印好后，再分装成册，一本书就出版了。

很显然，与以往手抄传递的方式相比，雕版印刷无疑前进了一大步。特别是在大量重复印制的情况下，雕版印刷术更显现出高效率。

但是，雕版印刷术也存在许多致命的弱点：首先是雕刻一套书版，往往要花上几年甚至更长的时间，耗费的精力太大，损毁的木材太多，而且一本书印完后那些版也就没用了。比如，宋太祖开宝四年（971），有个名叫张徒信的人在成都雕印全部《大藏经》，竟花了12年，雕了13万块木版，一间屋子还装不下；后来不再重印，这些木版也就不起作用了。可见雕版印刷既费工又费料。更让人气恼的是，要是雕刻的印版上有了错别字就得作废，重新雕刻整块木板。

当时，毕昇是一位熟练的雕版印刷工匠，在长年的雕版实践中，他十分清楚这种印刷方式的缺点，因此就着手对它加以改进。在不断总结前人经验的基础上，他经过了八九年的反复实践，终于创造出了泥活字印刷术。

首先，他想到了用活版作书版。他认为，既然雕版费工费料，为什么不用活版来代替呢？

所谓活版，就是将字分别刻在一块块小小的木头上（而不是刻在整版上），再拼成一整块去印刷，印好后把它们卸下来以后再用。

可是，怎么使整个活版在印刷时不会松动，印刷后又可将活字拆卸下来呢？毕昇想了个办法，他把木活字放在一块四周围有方格的铁框板上，里面填上些松香之类的黏合物，然后搁在炉子上烘烤，于是松香慢慢地熔化成薄薄的一层。趁松香受热变软的时候，他把木字依次放进铁框里；等排满字后，又把铁框从炉子上取下来，并且迅速用一块平整的木板在上面轻轻一压。过了一会儿，松香冷却凝固，铁框里的木字也就整齐而平整地粘在一起了。等到印刷完后，再一次把铁框搁在炉子上烘烤，把木字取下以备再用。

但是，毕昇很快就发现了一个新问题：由于木字受墨多了容易发生膨胀，加上木头的纹理疏密不一，印的次数多了木字就会变形，有的会模糊不清，而且它也很容易和黏合物相连，拆卸不方便。

又经过一番探索，终于在北宋庆历年间（1041—1048），毕昇首创了泥活字，并且成功完成了活字印刷。他用黏土刻字，每字一印，制成大小划一的薄字印，然后用火烧烤使它陶化，即成坚硬的泥活字。为了加快印刷的速度，毕昇又准备好两块铁板，一块在印刷，另一块在排字。这样交替使用，印刷起来既快又方便。在刻字的时候，每个单字都刻几个印，对于像"之""也"等这些常用字，刻印多达20多个。如在排版时遇到生僻字，还可以现刻、现烧、现补。

为了查找方便，毕昇巧妙地利用韵目给活字分门别类，把它们有序地储放在木架上，下次要用活字块的时候，很快就能找到。

这样，毕昇发明的活字印刷术，完成了印刷发展史上一次伟大的革命。现代印刷术的制造活字、排版、印刷三个步骤，无不起源于此。

布衣毕昇的这项伟大发明，启发后人不断地改进印刷术，其后世界历史上出现了铜活字、铅活字、锡活字、合金活字以及电脑排版，它使人类文化的记录、保存、传播以及交流进入了一个新的纪元。

正因为如此，有人把这项人类文明史上具有划时代意义的创造称作是"文明之母"。

（沙　莉）

接过传播文明的火炬

——谷登堡发明金属活版印刷机的故事

在古代中国人发明的印刷术从阿拉伯传到欧洲之后，一位德国人勇敢地接过传播文明的火炬，发明了金属活版印刷机，为保存和传播人类的精神财富作出了巨大的贡献。

他，就是约翰内斯·谷登堡。

谷登堡出生在德意志美丽富饶的美因河畔的一个小镇上，小镇名叫美因兹。在殷实的家庭中，谷登堡度过了无忧无虑的少年时代，但是，一场村民之间的武装大械斗惊破了甜美静谧的田园梦。

为了逃避灾祸，谷登堡的父母趁着夜色带上他，驾着马车离开了美因兹小镇。从此，谷登堡踏上了动荡飘摇的人生之旅。为了生活，他当过店员，做过钣金工。一个偶然的机会，经朋友介绍谷登堡进了斯特拉斯堡的一家印刷厂，当上了一名印刷工。未来的发明家从此和印刷术结下了不解之缘。工作后不久，谷登堡发现，印刷厂使用的机器实在太笨重了，既费劲又低效。满腔热情的他找到老板，建议把印刷机改一改。

"什么？"老板不敢相信自己的耳朵，"你知道吗，这台机器是我花了多少钱从阿拉伯人手里买来的！改进一下？哼，停工不赚钱，你吃什么？我赚什么？"

谷登堡并不死心，一有空，他就弯下腰观察这部机器的内部构造。渐渐地，他把这台机器的工作原理摸了个透。这就更加坚定了他的信念：是的，只要将印刷机改造一下，印刷质量就可以大大提高，而且，改造后的印刷机不仅能印单张的材料，还可以印成册的书。

几年之后，出于对印刷厂的失望，更由于对故国家园的眷恋，谷登堡携带家属回到了阔别 20 年之久的美因兹小镇。谷登堡发现，如今的美因兹镇似乎与世隔绝，镇里没有一家印刷厂，笃信基督教的村民们连一本印刷的《旧约全书》都没有。于是，谷登堡萌生了一个念头：在家乡创办印刷厂，并且重圆当年在斯特拉斯堡印刷厂改进印刷机的旧梦。

说干就干！

意志坚定的谷登堡变卖了一部分宅基地，购置了一些印刷器械和材料，并立刻依照当年当印刷工时的改革构想，将崭新的印刷机拆了重新组装。可是，现实回敬他的却是当头的一盆冷水：经他改装的印刷机竟印不出字！

这是怎么回事？谷登堡觉得自己在渐渐地滑入失望与苦恼的深渊，因为手头拮据的他再也拿不出资金来购置新的印刷机来改造、试验。在目光短浅的村民眼里，谷登堡成了十足的"败家子"。谁也不愿借钱给他，有人甚至预言，这不成器的"傻瓜"，将会败坏他祖宗创下的所有基业。

就在谷登堡苦闷彷徨之际，一位名叫约翰·福斯特的人出现了，他并没有像其他村民那样鄙视谷登堡，而是耐心地听他诉说。

"什么，印刷机？您对发明新的印刷机有把握吗？"约翰·福斯特问道。

"绝对没问题。我干了十几年的印刷工，这机器我早摸透了。"

"要是我能借给您足够的钱，您有十分的把握制造出一台新机器吗？"福斯特一副关怀备至的模样。

"我说过，十几年来，我一直在研究将一种小金属棍制成一个个字母，用以代替老式的刻版印刷。要是上次机器没坏，我相信早就成功了。不信，我用我所有的家产作抵押！"谷登堡认为福斯特在这个时候伸出援手，简直是雪中送炭。

"好吧。"于是，按照事先约定的条件，谷登堡以所有家产作抵押，向福斯特借了 800 荷兰盾，并签下了借契。

谷登堡又重新投入了他为之心醉神迷的试验。他一次又一次地试验，一次又一次地失败。过去，谷登堡一直试图制造能够多次使用的组合版。如果把一个个字母制成同样规格的字母金属柱，使用时将它们拼合成一块整版，不用时再将它们拆开，这样每一个字母柱就可以重复使用。这不就是他梦寐以求的活字活版印刷吗？

可是用什么材料来做活字呢？多次的试验结果表明，金属铅和锡是制作活字的上好材料。于是，谷登堡残破的家里出现了一台鼓风机和一台熔炼金属的火炉。火光映红了谷登堡日渐憔悴的面庞，终于，熔炉里浇铸出来的一排排大小一样的拉丁文铅字，银光闪闪地排列在字盘里。根据排字的需要，他又用金属板制作了一个厚厚的排字盘。有了排字盘，排字工可以根据不同内容排出所需要的版面。这样，世界上第一面金属活字活版出现了。

1450 年前后，谷登堡用所制活字字模浇铸铅活字，排版印刷了《四十二行圣经》等书，为现代金属活字印刷术奠定了基础，同时以压印原理制成木制印刷机代替了手工刷印。

谷登堡发明的印刷机就像现在的互联网一样，因其自由、开放、高速、低价的特性，为其后社会变革提供了关键的一个工具。如果没有谷登堡印刷机的出现，欧洲乃至全世界的政治革命、科学革命、宗教改革、文艺复兴、商业和教育变革或许要推迟许多年。

不知不觉中，四年已经过去，谷登堡的事业渐渐地接近巅峰。这时，当年似乎很慷慨地借给谷登堡 800 荷兰盾的约翰·福斯特出现了。这个颇有心计的债权人对谷登堡的发明垂涎已久。为了索还逾期的债务，他将谷登堡送上了法庭的被告席。

"据说，谷登堡还有一台印刷机。也许，这堆废铜烂铁还能抵上一点债。"福斯特撕下温和的伪装，将他的真正目的和盘端出。

法官认为福斯特的话有道理，便作出如下判决：因约翰·谷登堡无力归还约翰·福斯特的债务，特判其将印刷厂全部资产偿付给债权人福斯特。

印刷厂和印刷机是谷登堡的一切，他为此付出了多年的艰辛和汗水。可一纸公文，谷登堡失去了他赖以生存的一切！

致命的一击让谷登堡倒下了。1468 年的一天夜晚，发明家谷登堡满怀悲愤地离开了这个他曾经为之作出卓越贡献的世界。

但是，人们不会忘记这位命运多舛的发明家。今天，以他名字命名的印刷机和全球浩如烟海的图书，无疑都是纪念这位发明家的丰碑。

（沙　莉）

汉字印刷术的第二次革命

——王选发明汉字激光照排系统的故事

大约在 11 世纪中叶，我国宋代的毕昇发明了活字印刷术。这一伟大的发明，推动了全世界科学文化的发展，被后人称为中国古代"四大发明"之一。

历史的车轮滚滚向前，正当我们继续享用先祖的这一发明并沾沾自喜之时，世界印刷术的发展已远远地把中国的印刷技术抛在后面。从 20 世纪 30 年代开始，西方发达国家的现代印刷术不断地融合机械、电子、光学等领域的成果，使印刷水平不断提高。相比之下，作为印刷术的故乡——中国，却仍在采用诞生于 15 世纪的印刷技术，以火熔铅，以铅铸字排版，以版印刷，滞留在原始、落后的"铅与火"的时代。

在这种背景下，汉字的现代化传播面临着严峻的挑战。英语只有 26 个字母，"体态轻盈"，自然较容易进入计算机世界，在广阔的天地行动自如；中国的汉字多达 6 万多个，常用的也有 3000 个，如此臃肿的"体态"，怎好进入计算机世界？

于是，有人说：中国的汉字文化固然丰富多彩，富有韵味，形成了世界上独一无二的书法艺术，但是在现代文明面前，它又是那样"不识时务"，其丰富多彩成了巨大的障碍和沉重的负担。甚至有人提出：不废除汉字，中国将无法跨上飞快奔驰的时代列车。

然而，20 世纪 80 年代初，我国成功研制出了汉字激光照排机，使汉字稳稳当当地坐上了"时代列车"。这是继毕昇之后，"汉字印刷术的第二次革命"。

主导这场"革命"的"主将"是王选。

王选于 1937 年 2 月出生于上海的一个知识分子家庭。他的父亲是一位很有骨气的爱国知识分子。在父亲的影响下，王选从小就怀有远大理想。他学习很自觉，从不要父母督促，各门功课学得都不错，尤其是数学更是出色。

17 岁那年，王选如愿以偿地考上北京大学数学系。在大学里，他摸索到了一套科学的学习方法，培养了刻苦钻研的精神。毕业后，王选留校当了无线电系的教师。之后，他从研制中型电子计算机——红旗机开始，进入了广阔无垠的计算机世界。

实际工作使王选深深认识到：未来计算机将在人类生产生活的各个领域大显身手，可要在中国推广计算机，首先必须解决汉字的信息处理技术。1972 年，王选对汉字输入电脑的方法产生了浓厚的兴趣。在一段相当长的时间里，他像着了魔似的伏在写字台上，统计和分析汉字的偏旁结构及字根的规律。他画了数不清的表格进行统计，试图用几十个键盘将成千上万的方块字输入电子计算机。

就在他准备深入研究汉字输入方案的时候，他被国家重点科研项目——"748 工程"吸引住了。他对这一工程中的"精密汉字照排系统"的研制尤感兴趣。这是专门用于书籍和报刊编辑排版工作的专用系统，一旦研制成功，将彻底改变我国汉字印刷术落后的状况，推动我国进入信息时代，加速中华民族的文明发展进程。

对于照排机，西方国家已远远地走在前面，当时国外正在研制第四代激光照排机，而我国照排机的起步是零。那么，我们是从二代机或三代机入手，还是直接从四代机入手呢？不少专家认为，我们科研基础差，汉字字符多且录入难度大，应从二代机开始一步一步往前走。

"不，我们一定要抓住国外正在研制、世界最先进的第四代机。"王选要一步越过外国人走了 30 年的历程。确切地说，他要将我国印刷术 500 多年停滞不前的脚步，向前挪动一步。这一步，就跨越 500 多年！

1975 年 10 月 31 日至 11 月 3 日，在北京的北纬旅馆，有关方面召开了一次规模空前的照排系统方案论证会。王选出席了会议，并向与会者介绍了他的方案。可王选的方案被有些人认为是"一种脱离实际的数学游戏"。大会将二代机方案报了上去，这意味着王选失去了获得科研经费的机会。

"他们看不上，那我就自己干。"王选并不气馁。经过一段努力，他终于攻下了一个个技术难题，发明了高倍率汉字信息压缩技术、高速还原技术和不失真的文字变倍技术等。终于，王选的方案被有远见的电子工业部的有关领导看中了。几经周折，王选的方案被确定为"748 工程"正式方案。

王选的一系列发明，消灭了阻碍现代汉字印刷术腾飞的拦路虎。但是，汉字精密照排系统是一项十分复杂、庞大的高科技系统工程，还有许多技术难关亟待攻克。

正当我国有关研制工作进入关键阶段时，王选听到一个消息：英国著名的蒙纳公司想要占领中国的汉字激光照排系统市场。要知道，这家公司人才济济，实力雄厚，在 1976 年它就推出了世界上第一台激光照排机。难道中国人要使用外国人研制的汉字激光照排机？果真这样的话，那真是愧对毕昇，愧对祖先，愧对祖国和人民啊！强烈的民族自尊心使王选加快了研制的步伐。他通宵达旦地工作，向一个个堡垒发起最后的冲刺。

1979 年 7 月 27 日，汉字激光照排机终于研制成功。望着采用激光照排排版印出的八开大的样报，王选流下了激动的泪花。

王选的汉字激光照排机研制成功的消息传到英国，令蒙纳公司的科研人员大吃一惊。他们想：凭北大那样的条件，怎能研制出如此尖端的产品？带着疑问，蒙纳公司派代表团到北大参观。当他们目睹了汉字激光照排机的照排底片时，不禁连声叫好。

1981 年，汉字激光照排系统诞生。这意味着我国印刷行业将彻底告别"铅与火"的时代，跨入"电与光"的时代。后来，这个系统被命名为"华光Ⅰ型系统"。这确确实实是"中华之光"啊！

由于这一突出贡献，王选被人们誉为"中国汉字激光照排之父"。

（刘宜学）

教堂的塔尖变近了

——李普希等人发明望远镜的故事

16世纪末的荷兰，眼镜和放大镜制造业成为重要产业。在集市上，眼镜店店铺林立，店内摆满了各式各样的凹透镜和凸透镜。

一位名叫李普希的商人，在荷兰的米德尔堡小镇上经营着一家眼镜店。他有三个活泼可爱的小男孩。由于家里玩具少，孩子们经常把一些磨坏的镜片拿来玩。

一天，三个孩子拿着镜片在阳台上玩。调皮的小弟将两个镜片叠在一起，眯着眼睛，看远处的景物。忽然，他大叫起来："哥哥，快来看，教堂的塔尖变近了。"

两个哥哥照着弟弟说的那样，将两个镜片叠在一起，果然，前方的教堂、树木变得高大清晰了。

"哥哥，这是为什么呢？"小弟问道。

"我也不知道。"两个哥哥异口同声地回答。于是，他们去问爸爸。

"爸爸，为什么将镜片一前一后地拿着看教堂塔尖，教堂塔尖变近了？"小弟问道。

"这是因为……啊，没有这种事。不要胡闹了，爸爸很忙。"李普希放下手中正在磨研的镜片，慈祥地对孩子们说。

"这是真的。"

"这确实是真的。"两个哥哥为小弟作证。

李普希只好跟着孩子们来到阳台上。他按照孩子们说的那样，将两个镜片拿好。确实，他发现镜片里的塔尖变近了！

"这是为什么呢？"他百思不得其解。经过进一步的试验，他发现只要将一块凸透镜和一块凹透镜组合起来，把凹透镜放在眼前，把凸透镜放远一些，并调好两块镜片间的距离，就可以看见很远的物体。如何将两块镜片组合成一个装置呢？李普希用一根粗细、长短合适的金属管，把凸透镜和凹透镜放入管内恰当的位置，然后用这个装置观看远方的景物，景物就会变近。作为商人，李普希想："也许这里面有商机。"于是，他向荷兰国会提出了申请专利的要求。

1608年，李普希获得荷兰政府的专利权，荷兰政府除奖励他一大笔奖金外，还拨出专款，命令他为海军制造一种用两眼观察的双筒望远镜。

荷兰政府认为，如果海军有了望远镜，就等于有了一双"千里目"，将大大提高战斗力。他们秘密地进行着高倍望远镜的研制工作。

纸包不住火。很快，有关荷兰研制高倍望远镜的方法传遍了欧洲。

1609年6月，居住在意大利威尼斯的物理学家伽利略，从同行中听到了这一消息。他想："如果用望远镜观测天体，也许可行。"他立刻从眼镜店里买来镜片，并加工了一个铜筒，然后将镜片装入铜筒中，一架望远镜就制成了。用它观察远方的物体，能将物体从视觉上拉近实际距离的三分之二，比用肉眼观察方便多了。

之后，伽利略对望远镜制造技术进行了改进，将观察客体与主体之间的视觉距离缩短到实际距离的三十分之一。在一个群星璀璨的夜晚，伽利略将望远镜对准了月球。自古以来，人们认为月球皎洁无瑕，可透过望远镜，他看到月球表面凹凸不平，既有平原，也有山脉。他不禁惊叹道："月球原来是一个满脸麻子的美人！"之后，伽利略还用望远镜观察了木星，发现木星边上有四颗小星星围绕着它转。他用望远镜观察太阳，发现了太阳的自转；又用望远镜观察银河系，发现它是由无数暗弱的恒星组成的。

伽利略发明的望远镜与李普希发明的望远镜一样，都是由凹透镜和凸透镜组成的，人们称这类望远镜为折射式望远镜。这种望远镜有一个缺点，就是经它观测到的所有的图像都带有彩色的边缘。显然，这会影响观测的准确性。

1668年，英国著名物理学家牛顿在折射式望远镜的基础上，成功地制成了第一架反射式望远镜。它的镜筒直径约为 2.5 厘米,长度约为 15 厘米。反射式望远镜克服了折射式望远镜的缺点,推动了人类望远镜制作技术的发展。

之后,射电天文望远镜、空间望远镜等相继诞生,新型望远镜的不断问世,使人类的目光看得更高更远。

(刘宜学)

"不务正业"的看门人

——列文虎克发明显微镜的故事

1590 年，在荷兰的米德尔堡，有一个名叫江生的少年。他在父亲的眼镜制造工厂玩耍时，无意间将两片凸透镜重叠放在一起，发现镜片下的小蚂蚁大了好多。少年被这奇怪的现象吸引住了。于是，他用薄铁片卷了两个铁筒，让小铁筒在大铁筒里滑动，又把两片凸透镜分别装在大小铁筒上，利用铁筒的滑动调整两片透镜的距离，可得到较为清晰的成像。这个装置就是显微镜的雏形。江生发明的显微镜有许多缺陷，例如，放大倍数不高，只有 10 倍左右；镜头下的成像会变形。遗憾的是，江生并没有对显微镜作进一步的改进。因此，它只是被人当作有趣的玩具。

半个世纪后，英国的物理学家罗伯特·胡克，经过多年研究，制成了第一架真正意义上的显微镜。他用这架显微镜观察自然界的奥秘，终于使显微镜从玩具变成了科学仪器。

然而，罗伯特·胡克发明的显微镜也不尽如人意。它必须借助油灯，让灯光通过一个玻璃球射到观察物上。真正使显微镜研制技术成熟的是荷兰的列文虎克。

列文虎克于 1632 年出生于荷兰代尔夫特。他很小的时候就失去了父亲，这导致他性格内向，看上去有点呆里呆气的。上学时他并没有表现出什么超人的天赋，学习成绩很一般。眼看母亲起早摸黑地忙着干活，而自己又不是一块读书的料，他便中途辍学。

经别人介绍，列文虎克来到一家眼镜店学手艺。店里形形色色的镜片引起了列文虎克浓厚的兴趣。他觉得晶莹的镜片有一种神奇的魔力。他想：

"如果我能磨制出一块很好的镜片，一定可以看到许多别人看不见的东西。"

于是，列文虎克勤勤恳恳地跟着师傅学习磨制镜片的手艺。可不久，他被店老板辞退了，原因是他粗杂活干得太少了，而老板的意思是要他做粗使杂役。

后来，列文虎克在代尔夫特市政府谋了个差事，当上了看门人。对他来说，这是一个固定的职业，可以维持家庭的生计了。但他对镜片依然非常着迷。工作之余，他常到眼镜店看看，跟别人聊聊有关镜片的话题。

一次，他听人说："阿姆斯特丹眼镜店不但磨制眼镜片，而且也磨制放大镜。放大镜可以将东西放得很大，让人将肉眼看不清楚的东西看得清清楚楚。"

列文虎克听了这一番话，更被放大镜的魅力深深吸引。他连忙向亲戚朋友借了一笔钱，直奔阿姆斯特丹。

在阿姆斯特丹，他看到了放大镜。可放大镜的放大性能并不像别人说的那么好，列文虎克有点失望。他买下一块放大镜片，准备自己磨制理想的镜片。

对列文虎克来说，磨制镜片并不是一件难事，只要有时间，慢慢地磨，就一定可以磨出很好的镜片。好在看门是一个闲职，除了收发文件、盯住生人，并没有多少其他事情。他在不耽误本职工作的同时，抓紧一切可利用的时间，不停地磨。

1665 年，列文虎克终于研磨成了一块直径只有三毫米的小凸透镜。在铁匠师傅的帮助下，他动手制成了一个金属支架。他把这块小凸透镜片镶在这个小支架的木板上。这样，用凸透镜看东西就方便多了。

不久，他听一位研制镜片的师傅说，如果把两块镜片叠在一起，放大倍数会提高许多。列文虎克一试，果然如此。他就在原来的凸透镜装置上，加了一块透镜片，并将两块镜片用圆筒套起来。在支架中间设计了一个旋钮，以调节两块镜片间的距离。为了解决光线问题，他在透镜的下方装上一块铜板，上面钻了一个孔，使光线反射到被观察的物体上。这样，一种新式的显微镜诞生了。

列文虎克发明显微镜

　　此后，经过不断改进，列文虎克发明的这种"魔镜"能把东西放大300倍，无论在外形还是性能上都大大超过罗伯特·胡克发明的显微镜。依靠这种"魔镜"，列文虎克实现了少年时的愿望，看到了许多别人看不到的东西：雨水、牙垢中微小的活的生物（即微生物），微细血管中血液的回流，昆虫结构的不少奥秘……他打开了生物世界微观研究的大门。

（刘宜学）

驱动工业革命的车轮

——瓦特发明蒸汽机的故事

通俗地说，蒸汽机就是利用蒸汽发动的机械设备，可以为火车、轮船等提供动力。它的出现，推动了当时正在蓬勃兴起的英国工业革命，使世界工业进入大规模的蒸汽机时代。许多科学家为蒸汽机的发明作出了贡献。其中，以英国发明家詹姆斯·瓦特的贡献最大。他所发明的"瓦特蒸汽机"，使蒸汽机的实用性大大提高，促进了蒸汽机的广泛运用。

瓦特，1736年出生于英国格拉斯哥市附近的一个港口小镇。他父亲老瓦特开了一家专门制造和修理船上仪器的工厂。儿童时代，瓦特经常跑到工厂看父亲修理各种装置。他很喜欢拆卸一些小仪器，再把它们组装起来。他喜欢思考，常常提一些稀奇古怪的问题。

有一次，瓦特的母亲带他去外婆家玩。外婆见到小瓦特来，十分高兴，连忙为他们烧开水。水烧开了，壶盖被水蒸气掀得"啪啪"作响，不停地往上跳。瓦特见了，觉得好奇怪，直愣愣地瞧着那个水壶。

"外婆，壶盖为什么会跳动呢？"瓦特问。

"水开了，壶盖就会跳呗。"外婆回答道。

可瓦特并不满意外婆的回答，他又问道："是什么力在推壶盖？"

"这，这……我也不懂。"外婆被瓦特问住了。

瓦特回家后，一连几天坐在炉子旁，观察壶里水的变化。最后，他终于明白了：水烧开后变成了水蒸气，水蒸气推动壶盖，壶盖因此往上跳。

天有不测风云。瓦特中学毕业时，父亲工厂的生意不景气，母亲又因病去世，家里生活拮据。瓦特只好放弃上大学的打算去找工作，以帮助父亲减轻经济负担。他先是在伦敦一家钟表店当学徒，后来经人推荐，到格拉斯哥大学担任仪器修理工。

1763 年，学校送来了一台供教学用的纽可门式蒸汽机。不知什么地方出了故障，这台机器无法正常运转。学校曾请当地颇有名气的修理师傅修，结果也没能修好。因此，学校只好将它交给瓦特试试看。

这真是一次难得的机会！对于可代替人力的蒸汽机，瓦特与当时许多修理师傅一样怀着浓厚的兴趣。他将这台蒸汽机的部件一个个拆下，弄懂每一个部件的用途。很快，他找到了问题所在，排除了故障，蒸汽机恢复了正常运转。

"这种蒸汽机不好用。"通过这次修理工作，瓦特认识到纽可门式蒸汽机的致命弱点：蒸汽浪费严重，效率太低。因为这种蒸汽机将汽缸和冷凝器合在一起，因此蒸汽推动活塞上升后，遇到冷水冷却，不仅蒸汽冷凝了，连汽缸和活塞也一起被冷却了。瓦特经过实验，发现纽可门式蒸汽机产生的水蒸气只有四分之一发挥作用，其余的四分之三竟然被白白地浪费在汽缸和活塞的冷热交替中。

瓦特马上意识到：如果把冷、热两个任务分别让两个容器来承担，即让汽缸始终是热的，负责推动活塞，让另一个容器始终是冷的，负责使蒸汽冷却，产生真空，就可以克服纽可门式蒸汽机的弊端。

有了明确的思路，瓦特便立即动手研制。他以极大的热情克服了一个个困难：没有资金，他向亲朋好友借；没有设备，他自己加工……就这样，瓦特在艰苦的条件下，经过三年的奋斗，于 1768 年制造出带有单独冷凝器的蒸汽机。这种新型蒸汽机还采用机油润滑活塞、汽缸套上绝热套等措施，耗煤量仅为纽可门式蒸汽机的四分之一，极大地提高了工作效率。

瓦特并没有陶醉在成功的喜悦之中。他想：纽可门式蒸汽机的活塞只能作往复的直线运动，不能做旋转运动，因此，只能用于矿井抽水；如能把活塞的往复运动变成圆周运动，那么蒸汽机既能带动抽水机，也能为纺织机提供动力，还能用来推动车子，那该多好啊！瓦特暗下决心：一定要实现这个想法！

顽强的毅力是他最大的财富。1784 年，瓦特终于把他的设想变成现实：

用飞轮和曲轴把活塞一来一往的直线运动变成了不断旋转的圆周运动。瓦特的这种旋转式蒸汽机一问世，立即被应用到纺织、矿产、冶金、机械等行业中，很快改变了这些行业的生产面貌，直接拉开了 18 世纪工业革命的序幕。

此后，蒸汽机不断在交通领域得到应用：1807 年，美国的富尔顿把蒸汽机装在船上，发明了轮船；1814 年，英国的斯蒂芬孙把蒸汽机装在车上，制造出了火车。这些都极大地促进了现代交通工具的发展。

我们享受着现代工业文明的成果的同时，不能不记住一个伟大发明家的名字——瓦特。

（刘宜学）

叩开"海底龙宫"的大门

——皮卡德父子发明深潜器的故事

20 世纪初,许多有志于科学的青少年,都憧憬着在蓝天上飞翔。瑞士的青年科学家奥古斯特·皮卡德也和同龄人一样,对航空事业充满了兴趣。于是,他开始潜心研制飞行器。

1931 年,皮卡德研制出了一个密闭吊舱式平流层气球。这个气球外表看起来像一个巨大的水壶,但内部结构精美,舱内设置了供应氧气和排除废气的设备,以及许多测量仪器,还专门设有观察窗口。皮卡德亲自驾驶着这个气球,成功地在 1.5 万米的高空上飞翔,这在当时引起了巨大的轰动。

皮卡德在航空事业上取得了成功。按理说,他本该凭着自己深厚的航空知识功底,继续往这方面努力。可是,一件偶然的事使皮卡德改变了主意。

1932 年,美国芝加哥市举办了一场盛况空前的世界商品交易会。皮卡德带着他的密闭吊舱式气球参加了交易会。在交易会上,一个形状别致的铸钢空心潜水球引起了他的兴趣。他绕着潜水球仔细察看,认定它的原理与气球有不少相通之处。他那专注的神态引起了潜水球的发明者——美国海洋学家贝比的注意。贝比向他介绍了潜水球的结构、原理、性能,并绘声绘色地描述了五彩斑斓的海底世界。好奇心十足的皮卡德被贝比描绘的海底奇观吸引住了。

在这之后的两年里,制造潜水器的想法始终在皮卡德脑海中萦绕。1934 年,年过半百的皮卡德改弦易辙,决定研制潜水器,遨游龙宫。

虽说皮卡德在潜水器方面的知识几近空白,但他有着坚强的意志和远大的目标。他常说："要干就干出最好的。"他认为贝比的潜水器虽然性能不差，但完全依赖钢索吊放下海，不但潜水深度有限，而且在海底的活动受到严重的制约。他决心制造一艘能独自在水下沉浮并能自航的深潜器。

从此以后，皮卡德全身心地投入深潜器的设计、制造工作。他独创性地把气球携带密闭吊舱的原理应用到深潜器上。

第二次世界大战后，皮卡德成功研制出了世界上第一艘载人深潜器——弗恩斯 2 号。它的耐压球形舱直径 2 米，壁厚 90 毫米，能够承受 400 个大气压，可以潜入 4000 米深的海底。

年逾花甲的皮卡德不顾别人的劝说，亲自驾驶这艘深潜器进行试验。

"潜水深度可达到 25 米。"皮卡德对这一结果又喜又悲：喜的是，这是世界上第一次不需要系留钢缆控制，完全由深潜器驾驶员独立操控的潜海；悲的是，25 米的深度对于数千上万米深的大海来说，可以说是还没有穿过它的"皮"。

之后，皮卡德对深潜器又作了改进，使它的潜水深度有了较大的提高，但还远远没有达到皮卡德叩开"海底龙宫"大门的目的。

就在皮卡德研制深潜器的过程中，他的儿子杰昆斯·皮卡德也渐渐长大成人了。这位出生于 1922 年的年轻人，在父亲的教诲和培养下，也成为一名出色的深水器研制专家。

1952 年，他们父子俩联合设计了德里雅斯特号深潜器。这艘深潜器浮体长 15.1 米、宽 3.5 米。它腰部呈圆柱形，两头尖削，看起来酷似一艘小潜艇。父子俩乘这艘深潜器到达水下 3150 米处。

六年之后，小皮卡德乘德里雅斯特号深潜器到达深达 11022 米的海底。此时，年事已高的老皮卡德看到儿子完成了自己的夙愿，激动得说不出话来。

此后，德里雅斯特号又多次"拜访"了"龙宫"。

1964 年，功勋卓著的德里雅斯特号光荣退役，被陈列在美国国立博物馆里。皮卡德父子的业绩从此永远载入人类发明和深海探险的历史。

（刘宜学）

神话般的梦想

——苏联科学家发明人造地球卫星的故事

浩瀚的夜空，繁星闪烁，不由得让人感到太空的遥远、深邃和神秘。

你可知道，在这浩渺无垠的宇宙中，最早出现的人造物体是什么？它，就是 1957 年 10 月 4 日苏联发射成功的世界上第一颗人造地球卫星。

第二次世界大战结束后，美国和苏联拉开了一场和平竞赛，尤其是在火箭和宇航技术上展开了较量。这两个世界超级大国各自组织了一批科学家、高级工程技术人员，开始暗暗地较上了劲。

1955 年 7 月 29 日，美国公开宣布要在 1957 年的国际地球物理年发射人造卫星。这时，苏联的火箭总设计师谢尔盖·科罗廖夫，正殚精竭虑地致力于苏联的航天技术发展，当从收音机里听到来自美国的这一消息时，他心情焦灼不安，在房间里急躁地走来走去。美国人准备在两年内发射人造地球卫星的计划，大大激发了他那强烈的使命感。

没有时间再考虑了！科罗廖夫彻夜未眠，他连夜赶写了一份关于加快研制苏联人造地球卫星的计划。好不容易挨到天亮，科罗廖夫毫无睡意，将报告送给了当时的苏联领导人赫鲁晓夫。

苏联政府很快批准了科罗廖夫的报告，加快了在哈萨克大草原建设卫星发射基地的步伐。科罗廖夫受命于非常时刻，深知这是一项极其重要而且特殊的使命，容不得半点马虎。他率领一批火箭专家、高级技术人员，开始了一场争分夺秒的战斗。

科罗廖夫知道，要把人造卫星送入绕地球运行的轨道，必须拥有具有足够推力的运载火箭。但是，他们当时只有单级火箭，而单级火箭的推力显然太小了。怎么办呢？

科罗廖夫苦苦思索着。如果这个问题解决不好，他们的计划也就无从实现。突然，他想起了苏联"宇航之父"齐奥尔科夫斯基，为什么不向他请教呢？

于是，科罗廖夫登门拜访了齐奥尔科夫斯基。听完科罗廖夫的问题，齐奥尔科夫斯基陷入了沉思：单级火箭推力太小，那么双级、多级火箭呢？

"双级、多级火箭？"

"对！就像火车一样，一列火车可以有 10 节车厢，也可以有 15 节车厢，视载客量大小而定。这火箭，是不是也可以做成'列车式'呢？"齐奥尔科夫斯基说。

这个建议使科罗廖夫豁然开朗，他根据齐奥尔科夫斯基"火箭列车"的设想，开始设计具有更大推力的运载火箭。在研制过程中，他不断完善"火箭列车"的设想，提出用串并联或并联的方式组成多级火箭或捆绑式火箭。

眨眼间，两年过去了，科罗廖夫的研制计划迎来了最关键的时刻。1957 年 10 月 4 日夜晚，在哈萨克大草原卫星发射基地的中央，矗立着一枚巨大的两级火箭。在强烈的探照灯照射下，它是那么的耀眼，就像一柄利剑，傲然指向神秘莫测的苍穹。

发射的时刻终于到来了。科罗廖夫缓缓稳步向前，亲手点燃了导火线，然后迅速撤入掩蔽部。

最后 30 秒、20 秒、10 秒……

四周一片寂静，唯有导火线"哧哧"燃烧的声音，人们紧张得连大气也不敢喘。

5 秒、4 秒、3 秒、2 秒、1 秒！

"轰！"的一声巨响，在耀如白昼的火光中火箭冲天而起。

发射成功了！科罗廖夫和他的同伴们紧紧地拥抱在一起。

火箭把世界第一颗人造地球卫星"斯普特尼克 1 号"送上太空，并把这颗重 83.6 公斤、带有两个无线电发射机的铝合金小球送入了地球轨道。

当科罗廖夫和他的同伴们收到这个小球上发射回来的无线电波时，他们激动地大声欢呼："成功了！我们成功了！人类进入了宇宙航行时代！"

经过艰苦卓绝的努力，科罗廖夫终于实现了夙愿，抢在美国之前将人造地球卫星送上太空。从此，浩瀚的太空增加了新的成员——人造天体。

（刘宜学）

聪明＋肯干

——乔治等人发明机器人的故事

1966 年 1 月 7 日，美国空军正在进行空中补给燃料的训练。只见一架大型轰炸机和一架加油机，如箭离弦，直插天空。

不料，两架飞机在空中开始相互靠拢时没有控制好速度，相互擦了一下，造成起火。飞行员只好弃机跳伞，随后飞机坠落。轰炸机上装载的四颗氢弹，除三颗掉在陆地上，被安全收回外，还有一颗则落到了地中海里。

一颗随时可能"发脾气"的氢弹落在海底，自然引起地中海沿岸各国的抗议。美国总统为此伤透了脑筋，只好命令海军和空军联合打捞那颗氢弹。

经过严密搜寻，那颗氢弹终于被找到了——它正躺在地中海的海底。显然，任何人都无法下去打捞，因为海底的水压是谁也无法承受的。

此时，有人提议请一个名叫"科沃"的机器人出马，"科沃"当时刚问世不久，其貌不扬，身体像一个长方形的箱子，胸前有一只大钢爪。不过，它干起活来毫不含糊，钢爪子可以一下子抓起几吨重的东西。它聚集着当时人类最先进的科技成果：脑袋是电子计算机，眼睛是摄像机，耳朵是声波探测器，脚是螺旋桨。

果然，机器人"科沃"不负众望，稳稳当当地将氢弹抓上来。

机器人的"能干"由此可见一斑。

其实，人类早就幻想制造出一种能代替人干活的自动装置，据传说，早在我国春秋时期，著名木匠鲁班就制作了"木车马"，赶车的就是一个"自动木人"；三国时，诸葛亮造了"木牛流马"，能自动运输粮食；宋代有一种"自动木人",能巧妙地捕捉老鼠……然而,真正的机器人的出现是20世纪中叶的事。

1954年,美国工程师乔治设想研制一种可用于工业生产的机器人。这种机器人能代替人从事简单、单调的"重复性作业"。乔治将他的设想写成书面报告,向政府提出申请。

不久,乔治的申请被批准了。于是,乔治立即组建了机器人研制小组,并购买了必要的工具和材料。为了加工一个零部件、解决一个技术难点,乔治和他的同事不知度过了多少个不眠之夜。

春去秋来,七年过去了,乔治和他的同事在经历了一次次的失败之后,在1961年成功地研制出了两个机器人——"万能生产者"和"灵活搬运工"。它们的外形虽有所差别,但都只有一只机械手。这只"手"格外灵活——手腕可以摆动、转动,手臂可以伸长、缩短,而且手劲还特别大。它们工作效率高,得到了人们的称赞。

此后,随着科技水平特别是电子计算机研制水平和机械工业水平的提高,机器人越发聪明能干。

进入20世纪70年代,科学家又推出了"会动脑筋"的机器人(智能机器人)。它们装有精密的电子计算机,不仅具有各种感觉,还具有分析、判断、推理、计算和学习等功能,在一些不利于人类健康的生产领域以及高压、高温等危险环境的作业中大显身手。有些智能机器人还能下棋、绘画、写字……

可以预见,未来的科学家将发明制造出更为聪明能干的机器人造福于人类。

(刘宜学)

"富尔顿的蠢物"

——富尔顿发明蒸汽轮船的故事

18 世纪中后期，瓦特发明的蒸汽机成为大工业中普遍应用的动力机。许多发明家设想把蒸汽机装到船上，用蒸汽作动力推动船只前进。

在这方面，最先取得了成果的是美国发明家菲奇。1787 年，他建成了世界上第一艘蒸汽独木舟。独木舟的两侧各安装了三支一组的长桨，船上的蒸汽机带动这些长桨交替划动，从而驱使船体向前行驶。1790 年，他又制成一艘时速达 12 公里的大型桨式客运汽船。可这艘船并不令人满意，它开动时发出老牛般沉重的吐气声，而且速度不稳定，运行不久就停开了。

继菲奇之后，英国发明家薛明顿于 1802 年制成了一艘蒸汽船。可他的这艘船也有许多不尽如人意的地方。

真正摘下"轮船发明者"这一明珠的是美国发明家富尔顿。

富尔顿于 1765 年 11 月出生于美国宾夕法尼亚州的一个小城。由于家境贫穷，直到 9 岁他才上学。课余时间，他喜欢摆弄机械、划船和画画。

一个星期天，富尔顿划着小船去钓鱼。船划到离岸不远的地方，就遇上了大风，划起来很费劲，前进速度很慢。他心里琢磨：船儿为什么迎风就划不动？怎样才能使划船不费劲？有没有顶着风也能行船的方法？

第二天，为了弄懂这些问题，富尔顿又到河边去玩。他坐在一只空船的船尾，两只脚不停地在水里捣动。不知不觉，小船已经荡到河中心了。这奇怪的现象引起了他的兴趣，他使劲地抖动双脚，船的前进速度更快了。他想：可不可以用机器代替两只脚的捣动呢？要是在船上装一个风车似的桨叶，让桨叶在轮子上不断转动，这不是像双脚捣水一样，能使船前进吗？

　　回家后，富尔顿画了一个带桨叶的轮子。他向位于学校附近一家机器制造厂的一位老师傅请教制作带桨叶的轮子的方法，老师傅告诉他："这需要很多的知识，对此我无能为力。希望你好好学习，长大后造一艘大轮船。"

　　1782 年，17 岁的富尔顿只身来到美国费城。他凭着在工厂里学到的手艺和从小练就的绘画本领，在一家工厂当上了负责机械绘图的练习生。在绘画之余，他努力钻研技术。在这家工厂里，他有机会看到了由薛明顿制造的蒸汽轮船。他下定决心，要造出更先进的蒸汽轮船。

　　1789 年，富尔顿抵达英国，登门拜访了大发明家瓦特。瓦特向富尔顿讲述了自己发明蒸汽机的经历，并鼓励富尔顿做进一步的研究，把蒸汽机搬到船上。

　　经瓦特指点，富尔顿的信心更大了，他全身心地投入蒸汽轮船的研制工作中。

　　1803 年，富尔顿研制出了一艘长约 21 米、宽约 2.5 米的轮船。在它上面，装有一台 8 马力（5.88 千瓦）的蒸汽机。

　　一个天气晴朗的日子，富尔顿在巴黎的塞纳河上试航。望着这艘其貌不扬的船，岸上围观的人称它为"富尔顿的蠢物"。果然这"蠢物"很不争气，在塞纳河上吐气冒烟，走走停停，走了没有多远就不动了。这一次试航，就在人们的哄笑声中结束了。

　　富尔顿并没有因为这一次失败而泄气。他有信心把这个"蠢物"改造成一个人见人爱的"宠物"。可此时的富尔顿已经一贫如洗。没有钱，要制造轮船是不可能的，富尔顿陷入了困境。

　　此时，富尔顿听说法国拿破仑准备越过英吉利海峡对英国作战，于是满腔热忱地来到巴黎求见拿破仑。他把蒸汽轮船的设计图和模型图呈给拿破仑，并建议拿破仑建立一支不要风帆的蒸汽船队，这样就可以在恶劣的天气条件下登陆英国。可拿破仑不相信没有帆的船能航行，他把富尔顿看成一个招摇撞骗的人，并把富尔顿赶出了办公室。

　　天无绝人之路。富尔顿虽然在拿破仑那儿碰了一鼻子的灰，但他得到了美国驻法国公使利文斯顿的帮助。利文斯顿是一位轮船爱好者，他从大科学家富兰林克那里得知了富尔顿从事的研究工作。此时，他获悉富尔顿遇到的窘况，便慷慨解囊，同时还发动美国实业界为富尔顿捐资。

1807年，富尔顿在美国纽约的哈得孙河上，造出了一艘名为克莱蒙特号的轮船。这艘船长45米、宽4米。它没有帆和桅杆，只有一根矗立着的大烟囱；它也没有橹，只是在船体两侧安有一个大水车式的轮子。它被人们称为"富尔顿的大蠢物"。

这年8月17日，克莱蒙特号在哈得孙河上试航。在两岸数以万计的观众的注视下，轮船冒着滚滚浓烟，离开了码头。观众看到"大蠢物"以超过一般帆船航行的速度前进，发出一片欢呼声，有人甚至对着轮船大喊："富尔顿大宠物！"在船尾亲自操纵机器的富尔顿看到这情景，热泪盈眶，激动万分。

经过32小时的航行，克莱蒙特号胜利到达位于哈得孙河上游的小城阿尔巴尼，全程航行240公里。要是用那时普通的帆船，即使"一路顺风"，这次航程起码也得48小时。富尔顿终于实现了儿时的梦想！

后来，富尔顿被人们誉为"轮船之父"。

（刘宜学）

有趣的"奔跑车"

——德莱士发明自行车的故事

早在 15 世纪文艺复兴时期，意大利伟大的绘画大师达·芬奇就设计了一种交通工具，并画了草图。这种交通工具有两个轮子，两个轮子在一条直线上，前轮用链条带动后轮。这真是一个大胆的想法！因为在此之前，谁也不敢想象只有一前一后两个轮子的物体，能平稳地行驶在路面上。可惜由于达·芬奇忙于别的事，并没有将这一设想付诸实践。直到 19 世纪初叶，德国的德莱士才制造出了世界上第一辆自行车。

1813 年，德莱士在一个林区当守林人。为了森林的安全，他风餐露宿，奔波于茫茫林海中。一天，德莱士连续翻越了几座山，感到十分疲劳，就坐在一根被伐倒的圆木上休息。面对着蓝天白云、绿水青山，他情不自禁地哼起了小调，歌声随风在空谷中回荡，他的身体不知不觉地随曲调节奏而摆动，身体下的圆木也随之晃动……

忽然，从德莱士的身边滚下一块圆形的石块。石块借着坡势，飞奔而下。

德莱士的脑中忽然闪现一个念头：圆形的木头、石头，滚动起来很容易，速度很快。如果发明一种用圆轮子构成的交通工具，那么它一定跑得也不慢。这样，人们用这种交通工具代替步行，一定省事多了。

于是，德莱士带回一根圆木，开始制造想象中的交通工具。经过一段时间的敲敲打打，德莱士制作了一辆自行车。这辆自行车结构很简单：在一个木架的中间，装了鞍座；鞍座前有一个把手；在木架两端的下面，用两个可以滚动的轮子作为支撑。

德莱士骑在鞍座上，两手紧握前头的支架，两脚一前一后交替着蹬地。渐渐地，车子的速度越来越快。遇到下坡的地方，他又用脚蹬地，车子奔跑如飞。德莱士成功了！他欣喜万分，并形象地把它称为"奔跑车"。

在一个阳光灿烂的日子，德莱士骑着他的奔跑车，漫游了德国的曼轩城。一路上，路人被这古怪的玩意儿和德莱士滑稽的驾驶动作吸引住了：

"这玩意儿跑起来还真可以。"

"不过，它骑起来可能也很累。"

"也许它还没有人跑得快。"

…………

围观者议论纷纷，对奔跑车有褒有贬。

为了让人们了解奔跑车的好处，德莱士当场决定与一位围观的小伙子进行比赛。

比赛开始了，小伙子迅速奔跑，德莱士奋力蹬地。不一会儿，小伙子遥遥领先，把德莱士远远地抛在后面。后来，小伙子奔跑速度渐渐慢了下来，而德莱士骑着奔跑车的速度并不减慢。德莱士与小伙子的差距渐渐缩小了，眼看德莱士就要追上小伙子时，终点到了。德莱士以微弱的差距失败，他在围观者的讥笑声中悄悄地溜走了。

回家后，德莱士分析了自己失败的原因。他清醒地认识到，比赛中奔跑车尽管表现出省力这一优点，但是仍有一些不尽如人意的地方。他决心进一步改进奔跑车。

但是，限于各种条件，德莱士并没有如愿以偿。

后来，许多人对奔跑车进行了改进，使它不断得到完善。1839 年，一位名叫麦克米伦的人对奔跑车做了重大改进。他将奔跑车改为后轮大、前轮小的钢结构，并安装了脚蹬板。这样，行驶时只要用脚踩动蹬板，通过曲柄连杆机构传递动力，即可驱动后轮前进。骑车者的脚离开了地面，也大大提高了行驶速度。这是自行车发展史上的重大突破。

1861 年，法国的比埃尔·米逊父子也制成了一种独具特色的自行车。这种自行车前轮大、后轮小，前轮上装有曲柄脚蹬。它骑起来比较舒适，速度也比较快，因此在巴黎得到大批量生产。

1879 年，英国的劳森发明了链条，采用以链条和齿轮驱动后轮的方式，提高了自行车的行驶速度和安全性。

1885 年，英国的斯塔莱制造了两个车轮几乎一样大小的自行车，进一步提高了自行车的安全性。他使自行车从德莱士之后的轮子大小不等的发展阶段，回归到德莱士发明时的车轮大小相等的状态。

1888 年，英国的邓禄普发明了充气轮胎，使自行车如虎添翼，速度倍增，同时也提高了自行车行驶的舒适性。至此，现代自行车终于诞生了。

（刘宜学）

能"行走"的蒸汽机

——斯蒂芬孙发明火车的故事

在火车诞生之前，铁路就早已存在了。当然，那时的铁路并不是为了跑火车。16 世纪，英国的采煤业发展得很快，人们为了提高劳动效率，在煤矿里铺上了木制的轨道，让马拉的小车在轨道上行驶。这样小车可以装更多的煤，跑得更快，马也更省力。

1784 年，英国著名科学家瓦特发明了蒸汽机，蒸汽机在工业领域大显身手，掀起了一场工业革命。

很自然地，就有人想到：可不可以让蒸汽机"行走"，代替马车呢？

1801 年，英国的矿山技师特拉维西克试制了世界上第一台蒸汽机车。这辆车每小时只能行驶五六公里，而且经常出毛病，不是熄火就是喷火，更可怕的是它有时会出轨，甚至翻车。显然，这辆机车是没有应用价值的。1804 年，特拉维西克又制造了一辆蒸汽机车，可这辆机车与前一辆差不多。几年的努力没有成效，特拉维西克灰心了。

真正使机车安全、快速跑起来的，是英国的乔治·斯蒂芬孙。

斯蒂芬孙，1781 年 6 月 9 日出生于英国北部一个煤矿工人的家庭。他的童年是在泪水中度过的。一家 8 口人，仅靠父亲一人做工维持生活。斯蒂芬孙没有机会上学，8 岁那年，就给人家放牛；14 岁时，进煤矿当徒工。在下班之后，他帮人修理钟表或擦补皮鞋，以补贴家用。

在煤矿厂里，斯蒂芬孙干着最脏最累的活，比如擦机器等。他虽然没有什么文化，但非常喜欢摆弄机器。为了搞清机器工作的原理，他在家里用黏土制作了各式各样的机器模型。一有空，他就琢磨这些模型。

随着机器制作技能的提高，斯蒂芬孙越来越觉得，没有文化给他带来很多的不便。于是，17岁那年，他报名读夜校。每天无论刮风还是下雨，他都准时来到教室，听老师讲课。经过几年的学习，斯蒂芬孙学到了许多基础知识。

斯蒂芬孙28岁那年，矿上的一台运煤车坏了。几位权威的技师修了几天也没能修好，这严重地影响了煤矿的正常生产，矿主急得团团转。斯蒂芬孙知道后，毛遂自荐。在矿主怀疑的目光中，斯蒂芬孙仅用一会儿工夫就将机器修好了，矿主高兴极了，当即任命斯蒂芬孙为机械师，还给了他20英镑奖金。

当上机械师后，斯蒂芬孙接触机器的机会更多了，条件更好了，他开始正式研制蒸汽机车。他决心在他人的失败之中，认真总结经验教训，筑起一条通向成功的道路。于是他从改革特拉维西克的蒸汽机车入手，把它的体重减小，牵引力加大。经过几年的艰辛工作，1814年，斯蒂芬孙制成了一辆名为"半统靴"的蒸汽机车。这辆机车工作时，烟囱里会冒出火来，因此人们称它为"火车"。它一次能拖上30吨货物。不过，它存在许多明显不足，如时速仅六七公里，比人步行快不了多少；车身震动剧烈；废气多，熏得车内和路旁的树木黑不溜秋。因此，"半统靴"并不受人们的欢迎。

斯蒂芬孙决不当"特拉维西克第二"，他把人们的抱怨变成动力，不断地对"半统靴"进行改进：把废气用管子引到烟囱里去，以减轻污染；在车轮上加了弹簧装置，以减轻震动……1825年，他终于试制成功世界上第一辆客货运火车——旅行号。

1825年9月27日，旅行号举行试车典礼，斯蒂芬孙亲自驾驶。它拖着30多节车厢，载着400多名乘客，以时速20多公里的速度前进，最后平安无事地到达目的地。虽然它的速度远远比不上奔马，但它表明，火车成为未来的交通工具的日子已经不远了。

旅行号试车获得成功，市政府决定在英国的曼彻斯特与利物浦之间建造铁路，由斯蒂芬孙担任总工程师。这消息传开后，遭到了守旧势力的激烈反对。有些人在报刊发表文章，列举了火车的种种坏处：

要知道，火车的声音很响，第一个结果是使牛受惊，不敢吃草，从而牛奶就没有了；鸡鸭受惊，从而鸡蛋、鸭蛋就没有了。更可怕的是，烟囱里毒气上升，将灭绝飞鸟；火星四散，将造成火灾。还有，如果锅炉爆炸，乘客的性命恐怕得搭进去。

　　乘火车通过隧道，最有害于人体健康。体质好的人，也会引起感冒和神经衰弱等病；体质差的人，则更危险。

　　…………

　　斯蒂芬孙明白，这是由于前人试制的火车发生脱轨、翻车等事故，造成人们心理上的恐惧。对于这些论调的最好回答是，让火车更安全、更快捷、更舒适。

　　1829 年，斯蒂芬孙和他的儿子小斯蒂芬孙制成了更为先进的火车——火箭号。同年 10 月，它在与其他三辆机车和一辆马拉机械的比赛中，以时速 33 公里、牵引 17 吨、安全行驶 112.6 公里的成绩获得第一名。

　　此后，火车得到人们的承认，并逐渐成为世界各地的主要交通工具之一。

（刘宜学）

一位法官幻想的产物

——查理斯发明地下铁道的故事

19 世纪中叶，英国伦敦的交通十分拥挤：窄小的马路上人头攒动，遇到马车通过，整条道路便被堵得水泄不通。这极大地影响了居民的工作和生活。

伦敦政府部门对这种交通状况忧心忡忡，可又束手无策，于是决定广泛征求改善交通状况的良策。

居民们提出了各种各样的设想，可这些设想要么实施难度极大，要么无法从根本上解决问题，因此均未能得到采纳。

有一位名叫查理斯的法官，对伦敦的交通拥堵有深刻体会，因为每年他不知要处理多少起因车辆拥堵引起的纠纷。他强烈要求政府改善交通状况，可一时自己也提不出什么好的建议。

一天，他忽然想到："要改善城市交通状况，必须提高人群的流动速度。马车载人少，而且速度慢，自然容易引起交通堵塞。可不用马车，又有什么理想的交通工具呢？"

"对了，用火车最理想。它载人多，速度又快。"但查理斯转而又否定了这一设想，"不行，火车在城市怎么跑呢？"

查理斯又陷入了深思。他不愿就此罢休。

有一次，他在家里做卫生时，发现墙角处有个老鼠洞，而且这个老鼠洞一直通到墙外。"老鼠真厉害，白天不敢在地上活动，就转入地下。"他自言自语地说。

此时，查理斯的脑海中忽然迸发出一串智慧的火花："老鼠无法在地上活动，就转入地下；火车无法在地上行驶，可不可以也转入地下行驶呢？"

查理斯对这一设想进行了认真的思考。经过缜密的分析，他认为"让火车入地"这一方案是完全可行的。

1850年，查理斯向伦敦市政府提出修建地下铁道的建议。办事拖沓的政府部门经过马拉松式论证，才正式采纳了查理斯的建议。

1860年，伦敦市政府组织了900名左右的工人，开始修建地下铁道。伦敦市民对这一修建工程极为恐慌和不满：

"地下铁道将危及地上房屋的安全。"

"地下火车随时都会出车祸。"

"地下铁道是法官幻想的产物，根本行不通。"

他们议论纷纷，并要求政府停止修建地下铁道的工程。

伦敦市政部门向市民解释了工程的安全性，渐渐取得了市民的理解和支持。

确实，修建地下铁道的难度相当大。施工时，遇到大石头，必须炸开它；遇到有地下水渗透的地方，必须堵住它。终于，在1863年1月10日，世界上第一条浅层次地下铁道建成并投入运营。

这一地铁列车是由蒸汽机车牵引的，列车车厢是由木材制成的，车厢内是用煤气灯照明的。许多市民出于好奇心，争先恐后地乘坐地铁。

不久，人们便对地铁不感兴趣了。他们宁愿乘马车或者走路，也不愿意坐地铁，因为地铁隧道内终日浓烟滚滚，气味呛人。蒸汽机排出的水蒸气、燃料燃烧产生的烟雾、煤气灯泄漏的煤气全部聚集在隧道内。

为此，政府有关管理部门对地下铁道进行了改进，即在隧道的顶部开凿了一些孔道。这样，烟雾可以从孔道排出，隧道内的空气就不那么污浊了。

可是，一波未平一波又起：行驶在马路上的马，常常被地铁孔道中忽然冒出的浓烟吓得狂奔乱跑，引起车祸。

"能不能发明一种不冒烟的列车呢？"此时，电动机正在一些行业崭露头角。于是，有人便设想用电动机代替蒸汽机。如果可行，列车就不会冒烟了。

　　经过许多专家的努力，1896年，在布达佩斯诞生了世界上第一辆电动地铁列车。它没有污染，行驶速度快，深受人们的欢迎。

　　此后，电动地铁列车相继出现在世界其他地区的大城市。

（刘宜学）

达·芬奇的梦想成真

——本茨等人发明汽车的故事

大家都知道达·芬奇是意大利文艺复兴时期的伟大画家，却未必知道他还是一位卓有建树的自然科学家、工程师。他在军事、水利、土木、机械等方面都有许多重要的设想和发明。

一次，达·芬奇作画累了，推开小阁楼的窗户，看到不远处的街道上，从远处驶来了一辆豪华的双轮马车。达·芬奇想："可不可以造一种自动行驶的车子呢？如果有这样的车子的话，那要比用马拉车好多了。"正当达·芬奇想得出神的时候，"当当当"，远处的钟楼传来了清脆的钟声。"对了，能不能像钟一样，给车子安上一根根发条，只要上紧发条，车子就会自动跑？"于是，达·芬奇坐到画桌前，用笔将设想中的自动车子的结构画了下来。

可遗憾的是，直到1519年达·芬奇去世，这种自动车子也没问世。

1649年，德国有一位技艺精湛的钟表匠，根据达·芬奇留下的图纸，试制成功了世界上第一辆不用牛马牵引的车子。只要给它上足发条，它就可以自动向前走。不过它走得很慢，且使用起来也麻烦，没有什么实用价值。

这辆自动车子虽然没有达·芬奇想象的那样实用，但是引起了一位法国军官的注意。他，就是在一家兵工厂工作的库诺。

库诺所在的兵工厂，专门生产一种笨重的火炮。要运送这种笨重的火炮很不容易，一门火炮要用几匹壮马才能拖走。1769年，瓦特发明的初级的蒸汽机传到法国后，库诺产生了这么个念头："利用蒸汽机作动力，就能制成自动汽车。用这种汽车代替马拉火炮，那就省事多了！"

不久，库诺就试制了一辆用蒸汽机作动力的车子。这辆车子有三个车轮，车身为长条形，上面有个大锅炉，锅炉的后面装有两个汽缸。蒸汽推动汽缸里面的活塞上下运动，动能通过曲轴传给前轮，使车轮转动。

库诺将这个"怪物"开到一条马路上。这车发动后，浓烟和蒸汽一起往上冒，因此围观的人叫它"汽车"。它慢悠悠地"走"在路上，发出"哐唧、哐唧"的声音，那样子既可怕又可笑，活像一位患了气喘病的老人在走路。每隔15分钟，这辆车就要停下来加水一次。

库诺接着又对这辆车作了改进。有一次，他想试试车子的性能，便将它开到了一条热闹的大街上。忽然，前面驶来一辆马车。马车似是挑战，又像是戏弄，迎面朝库诺的汽车冲过来。库诺赶紧给马车让道，不料车把转向不灵活，结果他的车一头撞到了墙上。

事实告诉人们：用蒸汽机作动力制造车子是不够现实的。且不说要给它不停地加水，就它的"体型"而言，因为带了个大锅炉，体积庞大，占据了太多的路面。

自动车的研制陷入了困境。到底该用什么东西作汽车的动力呢？有志于汽车研制的专家们都在考虑这个问题。

1878年，德国工程师奥托了解到：在汽缸中充进煤气，使用电火花引爆产生的力可推动活塞运动。经过无数次的失败，奥托研制成功了用煤气作燃料的引擎（即内燃机）。这种引擎不用蒸汽锅炉，不用点火，体重小，操作方便；且由于煤气的爆发力比蒸汽大，因此动力更大。虽然煤气引擎比蒸汽机前进了一大步，但也存在一个问题：每个引擎都必须携带一个大的煤气口袋。

这时候，美国发现了石油并加以开采，接着欧洲也发现了大量石油，用石油点灯逐渐在社会上普及开（那时电灯还只是富贵人家的奢侈品）。随着石油炼制技术的提高，人们从石油中提炼出了更容易燃烧的轻质石油，即汽油。于是，汽油自然而然地代替了煤气，被当作引擎的燃料。这种汽油引擎的体积更小，动力更大。它的出现，预示着真正的"自动车"的诞生已经指日可待了。

在德国，工程师本茨也开始全身心地投入了汽油引擎的研究。他对引擎的结构作了进一步的改进，终于在1887年制成小型高效的引擎。同年，本茨将他的引擎安装在一个有三个轮子的车架上，于是世界上第一辆汽油汽车问世了！

这辆汽车自重254公斤，每小时可跑16公里。今天，它还被珍藏在德国慕尼黑科学技术博物馆里。

有趣的是，这辆具有历史意义的汽车制成后，竟然还不能试车。因为当地政府有关部门已通知本茨，不允许他试车。他们的理由是：如果试车成功，将会出现很多的汽车，那么就要用掉很多汽油，就会搞坏公路。新生事物的产生是多么艰难！好在本茨的妻子——一位胆识过人的女人并不理会这些，她将汽车开出去兜了一圈才回来。她，成了第一位汽油汽车司机！

本茨发明的汽车仍有不尽如人意的地方。美国机械工程师福特，在本茨发明的汽车的基础上又作了改进。1893年4月，福特制造出了一辆更好的汽车：在四轮马车上安上一把椅子，椅子下面放着他发明的汽油引擎，车上安装有操纵杆。五年后，福特试制成了第二辆汽车，它比第一辆更加完善。1903年，福特成立了"福特汽车公司"，开始大量生产他改进后的汽车。

此后，达·芬奇梦想中的自动车，逐渐成为人们不可缺少的主要交通工具之一。

（刘宜学）

冠军的"秘密武器"

——邓禄普发明充气轮胎的故事

19世纪80年代，在英国有一个普通的家庭，男主人叫约翰·博伊德·邓禄普，他是一位兽医，他的医术高明，再加上对人热情和善，因此在当地小有名气。

邓禄普的儿子小邓禄普是当地一所中学的学生。课余时间，小邓禄普最喜欢骑自行车。在他看来，骑自行车趣味无穷。可那时自行车车轮上并没有轮胎，只是在钢圈之外包上一层橡皮。可想而知，这种自行车骑起来像骑马一样，颠簸得厉害。遇到不大好骑的路，摔倒是常有的事。因此，当时的自行车被称为"震骨器"。

小邓禄普骑自行车时也没少摔倒，身上常常青一块紫一块的。他的母亲看了十分心疼，不让他再骑自行车了。可小邓禄普太喜欢这项运动了，他避开母亲，在学校里骑行。

1887年，学校决定举行一次自行车比赛。作为班上数一数二的自行车骑手，小邓禄普被老师选派参加这次比赛。

小邓禄普练车练得更勤了。他决心不辜负老师的希望，争取为班级捧回奖杯。他分析了其他参赛同学的实力后，认为自己在实力上并没有明显优势。"那么，能不能让自行车的性能更好些呢？"他想。

他对自行车的轮子、踩板都做了一些改动，可这并没有改善自行车的多少性能。比赛的日子渐渐逼近，小邓禄普愁眉苦脸，吃不香，睡不甜。

"儿子，怎么了？你好像有什么心事。"邓禄普笑着问。

小邓禄普便将自己的苦恼告诉了父亲。

"原来是这么回事！来！我来给你做技术顾问。"

于是，父子俩围着自行车忙开了。

怎么才能让自行车跑得更快呢？邓禄普试图从改进链条入手，可效果并不理想。

"那么，就从车轮入手吧。"他想出了一个改进的办法：用一层厚的橡皮包在车轮上。经过试车，它比原来用薄橡皮包在车轮外的车子要省力一点，震动也没有那么厉害。

可邓禄普并不满足于此。他对自行车的改进工作产生了浓厚的兴趣，决心趁热打铁，进一步改进车轮的行驶性能。

一天，邓禄普放下手中的活，来到院子后面的花园。几天没见，花园里出现了新景象：玫瑰花迎风怒放，鸢尾花含苞待放。邓禄普精神为之一振。他发现花盆里的土壤太干了，便接好橡胶水管，一盆一盆地浇花。

在浇到一盆放置较远的花卉时，邓禄普像往常一样，将橡胶水管捏扁，水就喷到了那盆花上。这时，邓禄普忽然想到："橡胶水管有弹性，如果将它做成一个圆环，往里面打足气，套在自行车车轮上，自行车一定会跑得更快。"

他连忙根据车轮的周长，截下一段橡胶水管，用胶将两端接头连接牢固，然后往橡胶管里打足气，并封上打气孔，最后将它绑在轮子上。

小邓禄普迫不及待地抢过这辆改进的自行车，跨上坐垫便骑开了。这辆车跑得飞快。小邓禄普激动地对父亲喊道："爸爸，你成功了，你太伟大了！它骑起来既省力又舒适。"

邓禄普自己也试骑了一趟。果然，它不同凡响。

"孩子，骑这辆车，冠军准是你的。"邓禄普拍着儿子的肩膀说。

比赛的日子到了。赛场四周人山人海，彩旗飘扬。

裁判员发出"出发"的口令后，一个个运动员像离弓之箭，骑车疾驰而去。不一会儿，小邓禄普就比对手快了一大截。老师担心小邓禄普过早透支体力，便大叫："小邓禄普，注意体力！"

小邓禄普笑一笑，继续保持超人的速度行驶。到达终点时，他远远地把对手抛在后面。他，稳稳地站在了冠军领奖台上。

老师和同学们在为小邓禄普的胜利欢呼的同时，也对小邓禄普的超常发挥感到不解，纷纷问他："你今天成功的秘诀是什么?"

小邓禄普指了指自行车上的轮胎，说道："因为我有这么一个'秘密武器'。"

充气轮胎是自行车发展史上的一个划时代创举，不但从根本上改变了它的骑行性能，而且完善了它的使用功能。邓禄普放弃了兽医职业，为他的发明申请了专利，建立了世界上第一家轮胎制造厂，开始生产橡胶轮胎。

从此以后，充气轮胎逐渐在英国及其他国家和地区得到广泛的推广。

（刘宜学）

会飞的机器人

——特斯拉发明无人机的故事

在讲述发明无人机的故事之前，先来看三条消息：

2019 年金秋时节，在全国少数民族运动会开幕式上，1000 架无人机编队变换着各种造型，梦幻般完美的表演点亮了郑州市奥林匹克体育中心的夜空。

2020 年元月初，美国军用无人机发射精确制导导弹，击中了伊朗"圣城旅"指挥官苏莱马尼少将乘坐的汽车，这位在宗教、政治、军事方面极具影响力的"中东谍王"当场身亡。

2020 年初春，新型冠状病毒肺炎肆虐武汉等中国的多个城市，疫情蔓延全国。这段时间，一些城市乡村采用无人机低空喊话，提醒人们"戴口罩、勤洗手、少出门、不聚集"，甚至无人机可以执行喷洒消毒药水的任务。

毫无疑问，无人机已逐渐飞入了普通百姓的视野，在各种场合都有它的身影出没。

说到无人机，中国人会津津乐道春秋时期木匠鼻祖鲁班发明木鹊的故事："公输子削竹木以为鹊，成而飞之，三日不下，公输子自以为至巧。""木鹊"即风筝，是世界上最原始的无人机雏形，但不能算是真正的无人机。

真正发明无人机的故事可得从 19 世纪中叶开始讲起。

据历史记载，奥地利军队于 1849 年 7 月在与威尼斯的战争中第一次使用了"无人机"。当时，奥地利人放飞了弗兰兹·乌恰提斯设计的 200 个燃烧气球，每个热气球都挂着二十几斤重的炸弹，借着风力向滨海城市威尼斯飞去，他们希望这些气球炸弹能够在威尼斯上空坠落后爆炸。据称至少有一颗气球炸弹成功地空袭了威尼斯，可以想象当时威尼斯人遭遇炸弹从天而降时的恐怖场面。应该说，这 200 个燃烧气球就是欧洲最早的空中无人运载工具了。

显然，也有观点认为奥地利人这种空中无人运载工具，并不符合现代无人机的定义，因为它自身不带动力且无法遥控。当年这批气球炸弹的实战成果也不尽如人意：绝大部分都在海风吹拂下远远地偏离目标，有些甚至还调转方向朝着奥地利海军飘去。

有鉴于此，人们普遍认为塞尔维亚裔美国人尼古拉·特斯拉是真正的无人机发明人。

尼古拉·特斯拉是一位伟大的物理学家、发明家，与同时代的爱迪生齐名。他发明了交流电机、"特斯拉"线圈和无线电遥控技术，改进了交流电发电和传送技术。今天，世界著名的电动汽车品牌"特斯拉"，就是以这位伟大发明家的名字命名。2018 年 2 月，在美国佛罗里达州肯尼迪航天中心，一辆红色的"特斯拉"电动跑车被现役火箭中推力最强的猎鹰火箭送上太空。目前，它正在绕着太阳轨道飞行，即将靠近火星。这或许是世界历史上最遥远的一次"自驾游"。

让时间回到 1898 年，在纽约麦迪逊广场花园举行的第一届电气博览会上，特斯拉展示了世界上第一台远程遥控自动装置。在围观群众充满好奇的目光中，只见特斯拉自信满满地远程遥控着一艘小艇在水面上行驶。这艘小艇由可以遥控的两部分组成：一部分是水上装置，另一部分是内置隐形环形天线的水下装置。

可别小看特斯拉展示的这个似乎不起眼的小艇，它凝聚了后来无人机研制中最关键的技术：对源自装置内部的无线电波频率的编制和解析。特斯拉发明的装置能够根据不同的信号实现不同动作的切换。只要将特斯拉首创的遥控技术与飞行器结合在一起，就能造出典型的无人机。

第一次世界大战和第二次世界大战中，无人机开始在战场上出现，被用于投掷炸弹或侦察敌情。因为用于遥控的无线电波容易受到干扰，影响航向和飞行高度，加上无人机的速度和续航能力也不完美，它们很容易成为空中靶子被击落，因此无人机的风头一度被速度更快、射程更远、制导精准、不易击落的导弹盖过。

不过，这段历史给无人机带来了一个最常用的英语名字——drone（雄蜂）。原来 1935 年，美国海军上将在访问伦敦期间看到一架被称作"女王蜜蜂"的无线电波遥控无人机的表演，印象特别深刻。回国后，他们自己也开始了无人机研制计划，并把这些无人机群叫做"drones（雄蜂）"。无人机在空中飞行时的确会发出蜂群飞过一样的"嗡嗡"声，用"drones"命名无人机十分形象贴切。

今天，人类在多个科学技术领域内高歌猛进，计算机、互联网、机器人、智能手机、芯片、锂离子电池、无线电通信、遥控运载工具等一系列高科技发展，都将集中体现在无人机上，再加上适配无人机悬挂的高效防抖摄影摄像头、精准制导武器、专门用途工具和材料等的研发，无人机的发展真是一日千里，应用领域也与日俱增。

因为无人机有不存在人员伤亡风险、无惧高温严寒、不怕辐射，可以在有毒有害的环境中工作，可以轻易到达人类不容易到达的空间等优点，因此除了军事用途，它们还常常被用于航拍影像、地质勘测、森林消防、毒气勘察、高压输配电线巡检、缉私缉毒、灾难救援、应急救护、高速违章处置等民用领域。

我们期待着在战火中萌生的无人机在战场以外大显身手，为人类带来更多的福祉。

（沙　莉）

"会飞的书架"

——莱特兄弟发明飞机的故事

莱特兄弟出生于美国俄亥俄州，父亲是一位主教，哥哥威尔伯·莱特出生于 1867 年，弟弟奥维尔·莱特比哥哥小 4 岁。

儿童时代，莱特兄弟俩就特别喜欢各种机械玩具。父亲给他们买的机械玩具，两人常常玩得有滋有味，还把它们拆开，看看玩具的内部结构。渐渐地，兄弟俩对当时常见的玩具的结构、原理都了如指掌。附近的小伙伴，有什么玩具坏了，也总找他们修理。他们成了小有名气的"小工程师"。

有一次，父亲给儿子买回一种叫飞螺旋的玩具。这种玩具有点像风车：一根竹竿上贴着四个卡片，竿上有一个带橡皮筋的弓子。只要把橡皮筋绕在竹竿上，然后松开手，飞螺旋就会飞起来。他们玩得可开心了。

"为什么飞螺旋会飞起来？"兄弟俩问父亲。

"这主要是……噢，孩子，我也不知道。"父亲一时语塞。

"我们如果坐在飞螺旋上，不就可以飞上天了吗？"

此后，飞螺旋的飞翔之谜成为莱特兄弟最大的疑问。他俩立志要揭开这个谜，要像飞螺旋一样，在空中飞翔。

不知不觉中，他们长大成人了。

1894 年，莱特兄弟为实现上天飞行的理想筹措经费。他们知道，没有钱是什么事都干不成的。兄弟俩开设了一家制造、出售和修理自行车的车行。生意很红火，他们赚了一笔钱。这为他们实现计划打下了良好的经济基础。

与此同时，莱特兄弟如饥似渴地学习有关的知识。从书本中，他们了解到：15 世纪，意大利著名绘画大师达·芬奇曾经设计过扑翼式飞机。此外，英国人霍拉·菲利浦制造过多翼蒸汽飞机，法国人阿代尔制造过蝙蝠式飞机，英国人哈拉·马克辛制造过大型蒸汽飞机……但他们最终都失败了。

1896 年，从德国传来噩耗：莱特兄弟十分崇拜的当代飞行家李林塔尔，在一次滑翔试飞中不幸从 20 米的高度摔落地上而丧生。兄弟俩感到十分悲痛，但他们的信念更坚定了：为了飞上蓝天，不惜牺牲一切，乃至生命。

1900 年，莱特兄弟把自行车车行委托给朋友经营，自己腾出手来开始实施他们"飞翔蓝天"的计划。

他们决定，先从滑翔入手，弄明白飞翔的奥妙。

经过两年的探索，莱特兄弟从 1000 多次滑翔试验中，弄清了空中急转、倾斜滑行、拐弯等飞行原理，获得了大量的宝贵数据。这为飞机的研制与驾驶积累了经验。

他们认定，美国人兰莱用汽车内燃机装在滑翔机上的设计没什么错，只是有些技术没有过关，从而导致失败。根据他们的经验，滑翔机所能携带的重量不能超过 90 公斤，否则飞机就飞不起来了。可当时的内燃机的重量都在 140 公斤以上。怎么办呢？还好，一位技术精湛的工人帮助莱特兄弟攻下了这个难题，他为莱特兄弟制造了一个重量仅 70 公斤的内燃机。这个内燃机有 4 个汽缸，可输出 12 马力（8.82 千瓦）的功率。他们将它安装在滑翔机上，就好像为飞机安上了一个强有力的心脏。此外，莱特兄弟还用长松木制造了像飞螺旋的卡片一样的螺旋桨，并将它装在机头上。

这样，莱特兄弟研制成了一架带有内燃机的飞机。它的样子看上去有点像笨重的书架，因此被他们戏称为"会飞的书架"。

1903 年 12 月 14 日，莱特兄弟进行第一次试飞。"机场"上吹来了阵阵凉风，几个看热闹的村民站在远处，装有滑板的飞机停放在专门为滑行起飞准备的铁轨上。发动机发动了，飞机在空旷的原野上发出了巨大的响声。

莱特兄弟在北卡罗来纳州海边沙滩做第一次载人飞机公开试飞

奥维尔·莱特抢先一步登上了飞机。在哥哥深情的目光中，奥维尔·莱特开动了飞机。只见庞大的飞机从铁轨上缓缓滑动起来，然后越滑越快，一刹那间，飞机冲出轨道，离开了地面。

"'书架'飞起来了！"

几位村民大声欢呼。不一会儿，飞机又降落到地面。

"整整 3.5 秒钟。"哥哥高兴地说，"不过，我们应该可以让它飞得更久。"

12 月 16 日，北卡罗来纳州基蒂霍克附近的村子出现了一张通告：明天 10 时，将在海边沙滩进行世界上第一次载人飞机公开试飞。莱特兄弟要让大家分享他们的喜悦，也想借此机会正式向世人宣称：他们已经制造了一架飞机！

1903 年 12 月 17 日，这是个寒冷的日子。村民们对于莱特兄弟的"闹剧"已经司空见惯了，他们宁愿待在家里烤火取暖，也不愿到寒风料峭的海滩上受冻。试飞现场只有五个村民，其中一个还是小孩。

上午 10 时，太阳渐渐从乌云背后露出。奥维尔·莱特信心十足地坐在飞机驾驶员位置上。飞机发动了，螺旋桨转起来了。在巨大的轰鸣声中，地上卷起一股股黄沙。一会儿，飞机离开铁轨，在空中飞行 12 秒之后，在 30 米外安全着陆！

"我们终于成功了！"兄弟俩欢呼雀跃。

稍微休息了一会儿，奥维尔·莱特再次登机，接着又换威尔伯·莱特试飞。他们每一次试飞都获得成功。飞行的距离从 37 米提高到 260 米，飞行时间也从 12 秒提高到 59 秒。

莱特兄弟儿时的理想终于实现了！

观看这次试飞的五位村民和莱特兄弟一起，成了世界上第一架飞机飞行成功的见证人。如今，这架飞机的原机保存在华盛顿美国国家航空和航天博物馆内。

然而，莱特兄弟的这一次试飞只有五个目击者，因此，他们的发明当时并不被社会承认。1906 年，《先驱论坛报》巴黎版刊登了一篇题为《飞行者还是撒谎者》的文章，歪曲事实，把莱特兄弟说成是骗子。

　　此后，为了驳斥谎言，向世人证实真相，莱特兄弟又制造了数架同一类型的飞机，并到各地做试飞表演。事实终归是事实。数年之后，他们的发明终于得到了美国政府及科技界的承认。

（刘宜学）

直上云霄

——科努发明直升机的故事

虽然如今有各式各样的飞机，但是直升机在世界航空界仍占有一席之地，因为它适应性强，不需要专设的机场，随处都可起落，而且它的灵活性大，可以随时改变飞行方向。因此，它常常被用于地质勘探、防火护林、野外救护、海上巡逻及高空摄影等各项作业。

直升机的诞生，凝聚了许多航空专家的心血。

早在 15 世纪，意大利绘画大师达·芬奇就绘制过类似直升机的设计草图。达·芬奇以艺术家特有的丰富想象力，试图设计一种机翼能够"向下或向后扑动"的扑翼机。他认定，完全可以设计一种像鸟那样采用挥动翅膀的飞行方式的飞机。他经过一番思考，设计出了一种带有螺旋形桨叶的直升机。可惜，他的这一设想只是停留在纸上，并没有付诸实践。

1754 年，俄国著名科学家罗蒙诺索夫试制了一架用钟表机械发动的直升机，可是最终没有获得成功。

直到 20 世纪初，法国工程师保罗·科努才使直升机飞上了蓝天。

科努小时候就憧憬着像鸟儿一样在蓝天飞翔。他对献身于航空事业的李林塔尔怀有深深的敬意，也一直关注着人类飞行器研制工作的进展情况。在得知莱特兄弟研制飞行器成功后，他想：莱特兄弟的固翼式滑翔机固然可行，但如果另辟蹊径，研制"动翼式"飞机或许也会成功。

于是，他全身心地投入了动翼式飞机的研制工作。很快，他画出了样机设计图，接着便开始了工作量极大的制造工作。

看似简单的结构，装起来却并不容易。为了制作两副牢固的旋翼，科努不知流了多少汗水。好不容易制作成功，可一试，旋翼的桨叶安装得不理想。他只好从头开始干，继续一个部件一个部件地加工、制作、安装。

凭着坚强的毅力，科努于 1907 年 8 月制成一架直升机。这架直升机的主构架是用一根大口径的钢管制成的。它上面装有一只功率只有 1500 瓦的老式活塞发动机。支架的前后分别有两副旋翼，直径为 6 米；每副旋翼有两片桨叶。飞行员的座椅和发动机安装在构架的中心。发动机的冷却水装在发动机前面的水箱里，汽油装在飞行员身后的油箱里。在发动机上方有一个滑油箱，飞行员座椅下方装有蓄电池和点火线圈。

科努望着自己的杰作，长长地舒了一口气。但他知道，只有它飞上了蓝天，才能算到达胜利的终点。

但是，几乎就在科努研制出直升机的同时，法国科学家布雷盖和里歇也研制出了一架直升机。

1907 年 9 月 29 日，在法国杜埃市，布雷盖和里歇进行升空表演。这架直升机，包括驾驶员体重在内，总重量为 577 千克，基本上可以依靠本身的动力飞离地面。但为了保证升空时的稳定性，起飞时，在直升机的四副巨大旋翼下方，分别站着一个人，他们各用一根长竿支撑着飞机，以防它翻倒。

飞机在地面人员的帮助下，徐徐地升上了天空。

布雷盖和里歇互相拥抱祝贺。然而，他们高兴得太早了。由于飞机升空是在地面人员的配合下完成的，因此，这次试飞并没有得到社会公众的承认，人们也就不承认布雷盖和里歇研制的这架直升机是世界上第一架真正的直升机。

历史给了科努一次机会。

1907 年 11 月 13 日，天空晴朗，万里无云。科努和他的几位亲朋好友来到一个小山坡。科努微笑着坐在飞机上，与几位观众挥挥手，启动了发动机。在轰隆隆的响声中，直升飞机离开地面，飞行了一会儿，安全地降落下来。

"太好了，成功了！"

"科努，你真伟大！"

科努的这次试飞，虽然飞机仅离开了地面0.3米，飞行时间仅有20秒，却是人类第一次驾驶直升机升空。科努发明的这架直升机，被人们认为是世界上第一架真正的直升飞机。

（刘宜学）

敢上九天揽月

——苏联及美国科学家发明宇宙飞船的故事

宇宙，对于人类有一种神秘的魅力。清晨冉冉升起的旭日，晚上夜空中眨着眼的星星，皎洁的月亮，都让人浮想联翩。人类渴望了解"外面的世界"，于是就有了许多关于宇宙的美丽神话。"嫦娥奔月"在我国是一个妇孺皆知的神话。在这个故事中，嫦娥吞下一颗长生不老的药丸，就飞到了月亮上。而在现实中，到达月球谈何容易！要知道看起来近在咫尺的月球，与地球的平均距离大约是 384400 公里。

然而，人类的智慧是可以克服这一遥远距离的。

20 世纪中叶，许多有志于探求宇宙奥秘的科学家，都在试图研制出一种能载人在太空中遨游的飞行器——宇宙飞船。

在这一领域，苏联和美国走在世界的前列。20 世纪 50 年代，苏联政府拨出大量资金作为宇宙飞船的研制经费。成千上万的科学家、航天技术专家聚集在一起，研究宇宙飞船的材料选择、结构设计和外层空间的飞行技术等。大至宇宙飞船的模型设计，小至宇航员的日常起居，都是他们要考虑的问题。要在茫茫的宇宙中航行，任何细节问题都是马虎不得的。

经过众多科学家的努力，人类历史上的第一艘宇宙飞船诞生了！它由密封球形座舱和圆柱形仪器组成，除了具备一般人造卫星的基本系统设备，还设有生命保障系统、重返地球用的再入系统、应急逃逸系统及回收登陆系统等。

1961 年 4 月 12 日，这艘名为东方 1 号的宇宙飞船，载着苏联宇航员尤里·加加林，在宇宙空间绕地球一圈，飞行了 1 小时 48 分钟。东方 1 号在返回地面前，抛掉了末级运载火箭和仪器舱，只剩下座舱单独进入大气层；座舱下降到离地面只有 7 公里时弹出宇航员，然后宇航员用降落伞单独着陆。

东方 1 号宇宙飞船的航行成功，意味着人类已经可以飞出地球，在宇宙空间中航行了。广大的科学家因此深受鼓舞，以更大的热情投入宇宙飞船的研制中。

1961 年 8 月 6 日，苏联发射了东方 2 号宇宙飞船。这艘飞船在太空中飞行了 25 小时 18 分钟，飞行距离达 70 万公里。宇航员格尔曼·季托夫在失重的状态下，品尝了装在食品管中的宇宙食品，还美美地睡了一觉。

接着，苏联在 1962 年 8 月 11 日发射了东方 3 号、东方 4 号宇宙飞船，在 1965 年 3 月 18 日又发射了上升 2 号宇宙飞船，这些发射都获得了成功。

与此同时，美国也抓紧了宇宙飞船的研制工作。美国政府对于苏联成功地发明了宇宙飞船感到压力巨大，他们决心不惜一切代价，制成更好的宇宙飞船，并载人飞到月球上。

在多次研制、发射基础上，美国终于制成了阿波罗 11 号宇宙飞船。这艘宇宙飞船长 25 米、重 45 吨。在飞船内有 3 把靠椅，在靠椅的上方安装了各种控制飞船的仪器。用于发射阿波罗 11 号的三级火箭有 85 米长，重达 2700 吨。这个巨大的工程耗资 240 亿美元，有 40 多万人参加了它的研制工作。

1969 年 7 月 16 日，在肯尼迪航天中心，美国发射了载有 3 名宇航员的宇宙飞船。阿波罗 11 号升空后，先用两个多小时绕地球一圈半，然后飞向月球。又经过 73 小时的飞行，这艘宇宙飞船于 1969 年 7 月 20 日到达月球。

到达月球后，宇航员阿姆斯特朗和奥尔德林乘坐登月舱登月，而宇航员科林斯则继续驾驶指令舱绕月球飞行。

阿姆斯特朗和奥尔德林在月球上做了一系列的实地考察，并采集了 22 公斤月球上的岩石和土壤标本。他们在月球上逗留 21 小时 36 分钟后，驾驶登月舱进入轨道。然后，登月舱与科林斯驾驶的指令舱对接起来，又形成了完整的飞船，飞向地球。

阿波罗 11 号宇宙飞船登月的壮举震动了全世界，人们欢呼雀跃，庆祝人类历史上这一伟大的胜利。

事后，阿姆斯特朗在一次回答记者时说："对个人来说，跨到月球是极小的一步；而对人类来说，却是极大的一步。"

确实，宇宙飞船从诞生到将人载到月球上"走"了一趟，是人类跨出的"极大的一步"。

（刘宜学）

让太空不再寂寞

——美国科学家发明航天飞机的故事

大家知道，运载火箭把各种飞行器——人造卫星、宇宙飞船等送入轨道后，就算完成了任务，被抛弃在地球周围的太空中，大多数最后坠入大气层而烧毁。也就是说，运载火箭只能使用一次。这是令人十分心痛的，因为研制一枚火箭，要耗费大量的物力、财力和人力。

科学家们对这一巨大浪费更是感到不能"容忍"。他们决心制造出一种像火车、飞机那样可重复使用的运载器。

美国的航天技术走在世界前列。1968 年 8 月，美国宇航局宣布：美国航天技术的下一个目标，是要研制一种可重复使用、穿梭飞行于地球和太空间的运载器。这种运载器显然与飞机不同，它不但可飞行于大气层中，而且可以飞出大气层到太空中飞行，因此人们称它为"航天飞机"。

为此，美国宇航局组织了庞大的科研队伍。这个队伍里既有航天技术界的精英，也有相关学科的专家教授，因为要让航天飞机在太空中飞行，必须解决许多理论和技术上的难题，而这些难题涉及许多学科。科学家们通力合作，攻克了一个又一个难题。

为了了解航天飞机在返回地面着陆时滑翔降落的可行性，科学家们于 1976 年 9 月制造了一架企业号航天飞机，并随后在美国一个空军基地进行试验。他们让一架巨型波音 747 飞机将企业号航天飞机载到 7000 余米的高空，然后将航天飞机送出。5 分钟后，企业号航天飞机稳稳当当地着陆，试验获得成功。之后，企业号航天飞机便被收藏在机库里。

严格地说，企业号航天飞机是人类历史上制造的第一架航天飞机。但由于它没能在太空中飞翔,因此,人们只是把它当作试验品看待。

20 世纪 70 年代末,美国的科学家们终于研制出人们公认的第一架航天飞机,它被命名为哥伦比亚号。这架航天飞机重 2227 吨,外形看起来像一架巨型飞机,尾部装有 3 台推力巨大的主发动机。它的"肚子"下面附着一个巨大的楔形燃料外贮箱,可装 700 吨供给主发动机使用的燃料。在外贮箱两侧,还附着两个对称的细长的固体助推火箭。

美国宇航局决定,在 1981 年 4 月 12 日发射哥伦比亚号航天飞机。因为 20 年前的这一天,苏联宇航员尤里·加加林乘坐东方 1 号宇宙飞船,完成了人类历史上的第一次宇宙航行。

发射的日子到了。哥伦比亚号航天飞机矗立在美国佛罗里达州的肯尼迪航天中心发射台上。宇航员约翰·杨和罗伯特·克里平走进航天飞机。一切准备就绪,地面指挥中心下达了"点火"的指令,一声巨大的轰鸣声响起,只见哥伦比亚号尾部喷出一团火红的烟雾,在巨大的反作用力下直冲云霄⋯⋯

哥伦比亚号航天飞机在空中的运行一切正常。在 50 公里高空,两个固体助推火箭脱落,主发动机推动它继续爬高。又过了一会儿,外贮箱中的燃料用完,外贮箱被抛弃。哥伦比亚号在卸掉两个包袱后,一下子减轻到 110 多吨。在起飞后第 45 分钟,航天飞机顺利地进入距地球 240 公里的地球轨道。

经过 50 多个小时的飞行,哥伦比亚号航天飞机环绕地球 36 周,于 14 日安全返回地面。全世界都为这一成功试飞欢呼。

为了全面检验哥伦比亚号航天飞机的技术性能,科学家又紧接着对它进行了 3 次试飞。

1982 年 11 月 11 日,哥伦比亚号航天飞机正式开航。它此行的目的是将两颗人造卫星发射到预定的地球同步轨道位置上。结果,哥伦比亚号不负众望,载着宇航员圆满地完成了预定的任务。

航天飞机的成功研制,为人类开发和利用太空空间提供了广阔的前景:

它,可用于运载各种卫星,一次可携带几颗甚至 10 多颗卫星上天,大大降低了人造卫星的发射成本。

它，可用于维修卫星。它的遥控机械手能把空中有故障的卫星捕入舱内，进行维修或将它们带回地球。

它，可用于运载大型空间结构，也可作为建造平台，以实现人类在太空中组装大型太阳能发电厂和空间加工厂的目的。

总之，哥伦比亚号航天飞机的成功，是继阿波罗登月之后航天技术的又一次重大突破，拉开了人类大规模开发宇宙空间的序幕。

（刘宜学）

电子·电器

给雷电搭一个梯子

——富兰克林发明避雷针的故事

1752 年 7 月的一天，在北美洲的费城，一位名叫富兰克林的科学家做了一个轰动世界的实验。

这天下午，天色阴暗，乌云滚滚。天空中不时闪烁着青白色的电光，传来一阵阵沉闷的雷声，眼看一场可怕的雷雨就要来临了。

"这是最合适的天气！"富兰克林和他的儿子威廉带着风筝和莱顿瓶（一种可充放电的容器），奔向郊外田野里的一间草棚。

这可不是一只普通的风筝：它是用丝绸做成的，在它的顶端绑了一根尖细的金属丝，作为吸引闪电的"接收器"；金属丝连着放风筝用的细绳，这样细绳被雨水打湿后，也就成了导线；细绳的另一端系上干燥的绸带，作为绝缘体以避免实验者触电；在绸带和绳子之间，挂有一把钥匙作为电极。

富兰克林和他的儿子连忙乘着风势，将风筝放上了天。风筝像一只轻盈的鸟儿，渐渐地飞到云海中。

父子俩躲在草棚的屋檐下，手中紧握着没有被雨水淋湿的绸带，目不转睛地观察着风筝的动静。

突然，天空中掠过一道耀眼的闪电。富兰克林发现，风筝引绳上的纤维丝一下子竖立起来。这说明，雷电已经通过风筝和引绳传导下来了。富兰克林高兴极了，他禁不住伸出左手，触碰一下引绳上的钥匙，"哧"的一声，一朵小小的蓝火花跳了出来。

"这果然是电！"富兰克林兴奋地叫了起来。

"把莱顿瓶拿过来。"富兰克林对威廉喊道。威廉递上莱顿瓶，富兰克林连忙把引绳上的钥匙和莱顿瓶连接起来。莱顿瓶上电火花闪烁，这说明莱顿瓶充电了。

事后，富兰克林用莱顿瓶收集的雷电做了一系列的实验，进一步证实了雷电与普通电在本质上的一致性。

富兰克林的这一风筝实验，彻底击碎了闪电是"上帝之火""煤气爆炸"等流行的说法，使人们真正认识到雷电的本质。因此，人们说"富兰克林把上帝与闪电分了家"。

富兰克林的风筝实验绝不是一时冲动所做的。早在数年前，他就致力于电的研究，并在人们不知电为何物的时代指出了电的性质。

在一次意外事件中，他得到了启迪。当时，他把几只莱顿瓶连在一起以加大电容量。不料，实验的时候，守在一旁的妻子丽德不小心碰了一下莱顿瓶，只听到"轰"的一声，一团电火花闪过，丽德被击中倒地，面色惨白。她因此休息了一个星期，身体才得以康复。

"莱顿瓶发出的轰鸣声、放出的电火花，不是和雷电一样吗？"富兰克林大胆地提出这个设想。经过反复思考，他推测雷电就是普通的电，并找出了它们两者间的 12 条相同之处：都发亮光；光的颜色相同；闪电和电火花的路线都是曲折的；运动都极其迅速；都能被金属传导；都能发出爆炸声或噪声；都能在水或冰块中存在；通过物体时都能使之破裂；都能杀死动物；都能熔化金属；都能使易燃物燃烧；都有硫磺气味。

1747 年，富兰克林把他的这些想法写成论文《论雷电与电气的一致性》，并将论文寄给他的朋友英国皇家学会会员科林逊。可当科林逊将论文送交皇家学会讨论时，他得到的是一些人的嘲笑。许多权威科学家认为富兰克林的观点荒唐无比，"把科学当作儿童的幻想"。

对于权威人士的嘲笑、奚落，富兰克林不予理睬，而是在做好各种准备的情况下，冒着生命危险，进行风筝实验。

富兰克林从风筝实验中不但了解了雷电的性质，而且证实了雷电是可以从天空"走"下来的。"高大建筑物常常遭到雷击，能不能给雷电搭一个梯子，让它乖乖地'走'下来呢？"富兰克林想。

正当富兰克林思考这一问题的时候，从俄国彼得堡传来不幸消息：1753年7月26日，科学家利赫曼为了验证富兰克林的实验，在操作时，不幸被一道电火花击中身亡。这更坚定了富兰克林研制避免雷击装置的决心。

他先在自己家做实验。他在屋顶高耸的烟囱上，安装一根3米长的尖顶细铁棒，在细铁棒的下端绑上金属线，然后沿着楼梯把金属线引到楼底的一个水泵上（水泵与大地有接触），最后将经过房间的那段金属线分成两股，在两股线上隔一段距离各挂一个小铃。这样，如果雷电从细铁棒进入，经过金属线进入大地，那么两股线受力，小铃就会晃荡，发出响声。

一天，天空中电闪雷鸣，暴风雨就要来了。在雷声、雨声的"伴奏"下，守候在小铃旁的富兰克林听到了小铃发出的清脆、悦耳的声音，他高兴地笑了。

富兰克林把那根细铁棒称为"避雷针"。

避雷针的问世，引起了教会人士的反对。然而，有一次在一场雷雨之后，教堂着火了，装有避雷针的房屋却平安无事。于是，人们终于认识到避雷针的作用，避雷针很快得到应用。至1784年，欧洲的高楼顶上大都装上了避雷针。

（刘宜学）

改变世界的发明：技术大发明背后的故事

从揭开蛙腿痉挛之谜开始
——伏打发明电池的故事

1793 年的一天，在英国皇家学会的大厅里，意大利解剖学家伽伐尼正在做关于"动物电"学说的演讲。他在演讲中告诉人们：

1780 年，他在做青蛙解剖实验，当他的解剖刀碰到青蛙腿的神经时，蛙腿竟然发生痉挛。"这是怎么回事呢？"他注意到，在解剖桌的旁边，发电机正在工作，放出火花，发出"噼噼啪啪"的声音。

"雷电会不会引起这种现象呢？"他决定作进一步的探讨。他用铜钩将蛙腿挂在花园的铁栅上，结果发现，每当雷雨天气时，蛙腿便会发生抽搐。

"动物身上会不会有电呢？"他想。

1786 年 9 月 20 日，他做了这么个实验：用铜钩勾住蛙腿，将它平放在玻璃板上，然后用一根细长的弯铁杆，一端接触铜钩，另一端触碰蛙腿。他惊奇地发现蛙腿果然会颤动。他用一根玻璃弯杆代替弯铁杆，却见不到这种现象。

于是，他断定：生物体内存在着电，即"生物电"。

伽伐尼的演讲，博得众多科学家的阵阵掌声。只有坐在前排的一位中年人，脸上露出"不敢苟同"的神色。他，就是意大利帕维亚大学教授亚历山大·伏打。两年前，他被选为英国皇家学会会员，因此有资格参加这次伽伐尼的演讲会。

128

回到帕维亚大学后，伏打决心通过实验揭开伽伐尼青蛙实验的奥秘。

他一次次地重复伽伐尼的实验，结果证实伽伐尼所说的现象确实存在。但他总觉得伽伐尼的论点不太正确，可又找不到反对的证据，因此感到十分困惑。

为了开阔视野，重新寻找一条探索的思路，伏打一头钻进了图书馆。他潜心翻阅各种图书，希望能有意外的收获。

一天，他像往常一样来到图书馆，管理员根据他的取书目录，搬来了一大摞书。伏打像淘金者一样，翻阅着一本本书。突然，一本德国科学家的实验报告汇编引起了他的注意。他发现这本书记载了一个叫祖尔策的科学家做的一个实验。

祖尔策在实验报告中说：把两块不同的金属分别夹在舌尖的上下，然后用一根金属导线连接两块金属板，此时，舌头上会有一种酸的感觉；如果用两块相同的金属片夹在舌尖上下，就没有这种感觉。

"我找到突破口了！"伏打看完这个实验报告后欣喜若狂。回到实验室，伏打马上找到一块薄锡片和一枚新银币放在舌尖上下，并用一根导线将它们连接起来。果然，他的舌头出现了麻木的感觉。

"这是触电的感觉，"伏打对他的助手说，"导线中肯定有电在流动。"

伏打绕过困扰了他多年的伽伐尼青蛙实验，而沿着祖尔策的实验路子探索下去，顿时觉得豁然开朗。

伏打发现，不但单独使用锡片或银币在口腔里做这个实验时没有触电的感觉，而且将锡片和银币用导线连接后放在清水中再触摸导线时，也没有任何感觉。"这是什么原因呢？"伏打推测可能是口腔中含有稀酸的缘故。

根据这一推测，伏打改用稀酸，将锡片和银币连接导线浸入其中做实验，果然发现有麻木的感觉。至此，伽伐尼生物电的观点已不攻自破了。

稀酸实验的成功，给伏打以极大的信心。他决定生产一种能产生和储存电能的装置。

伏打和他的助手用台钳和剪子加工了一块较大的银片和锌片，并用一根导线将它们连接起来，然后在两块金属片中间做一个夹层。接着，他们又用两根导线连接锌片和银片作为两极。最后，他们把这个装置放入装有稀酸的溶液中。伏打用手触摸导线，感到一阵麻木，手发生强烈的痉挛。

"我触电啦！我们成功啦！"伏打兴奋无比。

然而，新装置给伏打带来的喜悦是短暂的。不久，这个"宝贝"就没有电输出了。伏打明白，这是装置储存电能太少的缘故。他决定做一个储存电能多一些的装置。

1799年，伏打按照自己的设计，加工了一批铜片和锌片，制作了一些浸酸液片。然后，他在容器里先放上一块铜片，再放一块浸酸液片，再放一块锌片，再放一块铜片……按这个顺序排列，他把几十片金属片叠成了一个圆柱，最后用导线将所有的铜片和锌片分别连接起来。伏打期待着强大电流的产生。

然而，出乎伏打的意料，这个装置所产生的电能并不多，并且，金属片堆得太高，液片里的酸液就会外溢。

于是，伏打又提出新的方案。他把几个装有稀酸的杯子排在一起，然后在每个杯子中装一块锌片和一块铜片，并将前一个杯子中的铜片和后一个杯子里的锌片用导线连接，最后将第一个杯子与最后一个杯子里的铜片和锌片用导线连接。

伏打用手指捏住导线，不仅感到手指麻木，而且身上也有这种感觉。这说明新的电源装置产生了相当大的电流。

"我们终于发明了很实用的电源装置。"伏打高兴地说。

"把这宝贝叫做'伏打电堆'吧！"伏打的助手们建议。

于是，"伏打电堆"作为最早的干电池传遍世界各地，引起了一场电学革命。后来，人们把它称为"伏打电池"。

由于伏打发明了电池，1801年法国皇帝拿破仑授予他金质奖章，并封他为伯爵。

（刘宜学）

新生的"婴儿"

——法拉第发明发电机的故事

1819 年，丹麦哥本哈根大学奥斯特教授发现了一个有趣的现象：当把一根通过电流的铁丝靠近指南针时，指南针的磁针竟然发生了偏转。

这可是一个非同寻常的发现！因为在当时人们普遍认为电现象和磁现象性质完全不同，是风马牛不相及的两件事，而奥斯特发现了它们之间的联系。由此，一些奇怪的电、磁现象也得到了解释。比如，1681 年，一艘航行在大西洋的船遭到雷击后，船上的三只罗盘全部失灵，两只退磁，一只罗盘的指针指向颠倒；意大利一家五金店被闪电击中，店里的一些东西被磁化而带有磁性，等等。

当时 29 岁的法拉第也被这有趣的现象吸引住了。他找来电池、铁丝、磁针，重复奥斯特的实验。果然，铁丝一通上电流，铁丝附近的磁针就被无形的"魔力"引向一边。这证明奥斯特的结论是不容置疑的。

法拉第是一位想象力和思维能力很强的科学家。他暗下决心，一定要弄清电现象和磁现象之间的内在联系。他在 1822 年的日记中写道："既然铁丝通电可以产生磁，那么，为什么不能用磁产生电呢？我一定要反过来试一试，让磁产生电。"

他将磁铁放在铜线圈内，再把线圈两端连接在一个电流计上，然而电流计的指针没有发生偏转。他又将一根通电的导线靠近另一根不带电的导线，可后者也没有电流产生。

一个个实验的失败，将法拉第推进了困惑和迷惘之中。可他并没有被失败所击倒。这位铁匠的儿子，具有钢铁一般坚毅的性格，他继续不断地做实验。

　　十个春秋过去了。

　　1831 年 10 月 17 日，法拉第又设计了一个新的实验方案：将厚纸片卷成一个空心的圆筒，将铜丝分层绕在纸筒上，制成一个大线圈，再将电流计接在大线圈上。然后，他把一块条形磁铁很快地插进空心圆筒中，此时电流计动了一下；接着，他将磁铁抽出，指针又动了一下。这说明磁产生了电！

　　"终于成功了！终于成功了！"法拉第高兴得欢呼雀跃。十年的艰辛，十年的汗水，就是为了这一天。

　　科学是没有止境的。法拉第并没有沉浸在自我陶醉之中，他在想："为什么以前的实验都失败了，这一次却获得了成功呢？"

　　经过反复的思考，法拉第终于明白：磁铁与金属线之间必须有相对的运动，磁才能产生电；在以前的实验中，由于磁铁与金属线都是相对静止的，因此失败了。他还把磁产生电流的现象叫"电磁感应"，把磁产生的电流叫"感应电流"。

　　"既然磁能够产生电，能不能利用这一原理制造一种设备，让它为人类提供电源呢？"法拉第又有了新的想法，开始了新的探索。

　　有志者事竟成。1831 年 10 月 28 日，法拉第制造了世界上第一台发电机。他在一个铜轴上安装了一个扁平的铜盘，把它放在磁铁的两极间，并使它能够转动。铜轴上连接一根导线，接到电流计上；铜盘的边缘与另一根导线通过电刷连接起来，这根导线的另一端也接到电流计上。只要摇动铜轴上的摇把，铜盘旋转时，就可看见电流计上的指针在不断地晃动。铜盘转得越快，电流计指针也偏转得越厉害。

　　发电机的问世，为人类提供了新的电源，受到了各界人士的欢迎。

　　有趣的是，有一次，当法拉第在英国皇家学会展示他的发电机时，一位贵夫人问："请问先生，这玩意儿有什么用处呢？"

　　"夫人，请问，新生的婴儿又有什么用呢？"

　　人们不禁为法拉第的精彩回答拍手叫好。

确实，正是这"没用的新生婴儿"，使机械能转变成电能，使人类由蒸汽时代进入电气时代。

（刘宜学）

"上帝创造了何等的奇迹"

——莫尔斯发明电报的故事

1832年10月1日，一艘名叫萨丽号的邮船满载旅客，从法国北部的勒阿弗尔港驶向纽约。

萨丽号邮船缓缓驶出英吉利海峡，进入浩瀚的大西洋。途中，船受到风暴的袭击，在波峰浪谷中颠簸。许多人晕船，乘坐这艘船的美国著名画家莫尔斯也觉得浑身不舒服。

"遇到风暴，有什么办法使船不受到影响呢？"莫尔斯与船长聊了起来。

"毫无办法！"船长说，"这只能听天由命了。我给你讲一件事。那是1498年，发现美洲新大陆的哥伦布组织了一支有6条船、300人的大船队直奔赤道，准备去寻找黄金遍地的乐土。可是，途中由于天气太热，船上的食物全部霉烂了。这对于远航的船员来说，是十分可怕的。哥伦布对此束手无策，只好抱着侥幸的心理，写了一封求援信，塞进椰壳里密封好，然后将它投入大海。他指望海水能把这封信送到西班牙。但是，当哥伦布历经千难万险返回西班牙时，他才知道国内并没有收到那封求援信。连大智大勇的哥伦布对大自然的肆虐都无可奈何，我们普通人又能怎么样呢？"

"的确，在这无边无际的大海之中，一艘船、一个人实在太渺小了。"莫尔斯望着茫茫的大海，心里发出这样的感慨。

就在这次旅途中，莫尔斯结识了杰克逊。杰克逊是波士顿城的一位医生，也是一位电学博士，他在巴黎出席了电学研讨会之后，搭乘萨丽号回国。闲聊中，杰克逊把话题转到了电磁感应现象上。

"什么叫电磁感应？"莫尔斯好奇地问。

健谈的杰克逊用通俗的语言介绍了电磁感应现象。他从旅行袋中取出一块马蹄形的铁块和电池等，解释道："这就叫电磁铁。在没有电的情况下，它没有磁性；通电后，它就有了。"

"这真是太神奇了！"莫尔斯仿佛从中看见了一个奇妙无比的新天地。于是，他向杰克逊请教了许多关于电的基础知识，比如电的传递速度等。

莫尔斯完全被电迷住了，连续几个晚上都失眠了。他想："电的传递速度那么快，能够在一瞬间传到千里之外，加上电磁铁在有电和没电时能作出不同的反应，利用它的这些特性不就可以传递信息了吗？"他想起了船长给他讲过的哥伦布"大海传信"的故事，认识到信息传递是十分重要的事。41 岁的莫尔斯——这位颇有成就的美术教授决定放弃他的绘画事业，发明一种用电传信的装置——电报。

从此，莫尔斯走上了科学发明的崎岖道路。没有电学知识，他便如饥似渴地学习；遇到一些自己不懂的问题，他便向大电学家亨利等请教。他的画室变成了电学试验室，画架、画笔、石膏像等都被堆在角落，电池、电线以及各种工具成了房间里的"主角"。

很快，莫尔斯就掌握了电磁的基本知识。他准备正式向发明目标发起冲刺！

莫尔斯从有关资料中得知，在他之前，早就有人设想用电传递信息。1753 年，当时人类对电的认识还处在静电感应阶段，一位叫摩尔逊的电学家就曾做过这样一个实验：架设 26 根导线，每根导线代表一个字母。这样，当导线通电时，在导线的另一端，相应的纸条就被吸引，并记下这个字母。当时由于电源问题没有解决，因此摩尔逊的实验未能进一步深入。

三年过去了，莫尔斯不知画过多少张设计草图，做过多少次实验，可每一次都以失败而告终。他的积蓄全部用完了，生活十分贫困。他在给朋友的信中写道："我被生活压得喘不过气来！我的长袜一双双都破烂不堪，帽子也陈旧过时了。"

为了维持生活，莫尔斯不得不于 1836 年重操旧业，担任纽约大学艺术及设计学教授。但课余时间，他仍然继续从事电报发明工作。

莫尔斯也开始反思自己失败的原因，以确定下一阶段的研制方向。他想到，在他之前的科学家，往往为了表达 26 个字母而设计极为复杂的设备，而复杂的设备制作起来谈何容易！他意识到，必须把 26 个字母的信息传递方法加以简化，这样电报机的结构才会简单。于是，他在科学笔记中写道：

> 电流的传递是神速的，如果它能够不停顿地走 10 英里，我就让它走遍全世界。电流只要停止片刻，就会出现火花。出现火花是一种符号，没有火花是另一种符号，没有火花的时间长一些又是一种符号。三种符号组合起来，代表数字和字母，文字就能够通过电流传送了。

"用什么符号代替 26 个英文字母呢？"莫尔斯苦苦思索。他画了许多符号，点、横线、曲线、正方形、三角形等。最后，他决定用点、横线和空白共同承担起发报机的信息传递任务。他为每一个英文字母和阿拉伯数字设计出代表符号，这些代表符号由不同的点、横线和空白组成。这是电信史上最早的编码，后人称其为"莫尔斯电码"。

有了电码，莫尔斯马上着手研制电报机。他在极度贫困的情况下，坚持进行研制工作。终于在 1837 年 9 月 4 日，莫尔斯制造出了一台电报机，这台电报机的信息传输距离为 500 米。它的发报装置结构简单，由电键和一组电池组成。按下电键，装置中便有电流通过。按的时间短促表示点信号，按的时间长些表示横线信号。它的收报装置构造较复杂，由一块电磁铁及有关附件组成。当有电流通过时，电磁铁便产生磁性，由电磁铁控制的笔也就在纸上记录下点或横线。

之后，莫尔斯又对这台发报机作了改进。

在经历了无数次修改完善后，终于到了在实践中检验性能的阶段。莫尔斯计划在华盛顿与巴尔的摩两个城市之间，架设一条长约 64 公里的传输线路。为此，他请求美国国会资助 3 万美元作为试验经费。国会经过长时间的激烈辩论，终于在 1843 年 3 月通过了资助莫尔斯试验的议案。

1844 年 5 月 24 日，莫尔斯在华盛顿国会大厦联邦最高法院会议厅里进行了电报发收试验。年过半百的莫尔斯在预先约定的时间，兴奋地向巴尔的摩发出人类历史上的第一份电报。他的助手很快收到那份只有一句话的电报:"上帝创造了何等的奇迹!"

对莫尔斯来说,这是一个阳光灿烂的日子!晚上他给兄弟写了一封信。信中他在解释为什么用《圣经》里的一句话作为第一份电报的内容时,写道:"这项发明竟创造了如此的奇迹!它曾经如此备受怀疑,可是最终从幻境中走出,成为活生生的现实,此刻再没有什么比这句感叹语更能表达我的心声了。"

电报的发明,揭开了世界电信技术发展史上新的一页。

(刘宜学)

谋杀女王的"武器"
——斯开夫等人发明照相机的故事

2000 多年前，我国学者韩非在他的著作中记载了这么一件事：

周君请一位画匠为他画一幅画。三年之后，画匠完成了"作品"。周君一看，这是什么画呀，只是一块涂了一层漆的大木板。他正要发脾气，画匠慢条斯理地说道："请你修一道不透光的墙，在房子一侧的墙上开一扇大窗户，然后把木板嵌在窗上。太阳一出来，你就可以在对面的墙上看到一幅美妙的图画了。"

周君听画匠说得那么有板有眼，只好半信半疑地照画匠说的去做。果然，在房子的墙上出现了各式各样的景致，不过所有图像都是倒着的。

这难道是真的吗？

这确实是有科学道理的。房子外的景象可以通过小孔反映在对面的墙上，这在物理学上叫"小孔成像"。照相机就是根据这一原理研制的。

16 世纪初，意大利画家根据"小孔成像"的原理，发明了一种"摄影暗箱"。著名画家达·芬奇在笔记中对它做了记载。他写道，光线通过暗室壁上的小孔，在对面的墙上形成一个倒立的像。当然，它只会投影，人们要用笔把投影的像描绘下来。

接着，人们对"摄影暗箱"进行了改进。有的人在暗箱中增加一块凹透镜，使倒立着的像变成了正立像，画面看起来舒适多了；有的人增加一块呈45°角的平面镜，使画面更清晰逼真。然而，这时候的"摄影暗箱"虽具有照相机的某些特性，但仍不能称为照相机，因为它不能将图像记录下来。

18 世纪初期，人们发明了感光材料。19 世纪30 年代，达盖尔发明的感光材料碘化银给照相机的问世注入了极有效的催产剂。于是，在"摄影暗箱"上装上达盖尔的银版感光片，就诞生了人类历史上第一架真正的照相机。

照相机的问世轰动了世界。许多高官达贵要求拍摄自己的肖像照，尽管那时候照一张相就像受一场刑罚一样。

初期的照相机体积庞大，十分笨重，携带十分不便。照相时要选择好天气（因为那时候还没有发明电灯），必须在晴天的中午，让照相的人在镜头前端端正正地坐半小时左右。为了让自己的姿容永留人间，养尊处优的老爷、小姐们只好耐着性子忍受这一痛苦。

新事物的产生，必定对世界产生一定的冲击力。照相机诞生伊始，就发生了一个小小的插曲。巴黎一批靠画肖像画为生的画家，联名上书法国政府，要求取缔照相术。他们的理由十分简单：摄影师会抢走他们的饭碗。

然而，新生事物的成长是任何力量都阻挡不住的。不久，随着感光技术的发展，照片曝光所需的时间大大缩短，照相机更为实用了。

1858 年，英国的斯开夫发明了一种手枪式胶版照相机。由于其镜头的有效光圈较大，因此只要扣动扳机，照相机就能拍摄。有趣的是，一次，维多利亚女王在宫廷内召开盛大宴会款待各国使节，斯开夫作为新闻记者也应邀出席了宴会。斯开夫用他的照相机对准女王拍照时，被蜂拥而上的警卫人员扑倒，一时会场秩序大乱。事后，警卫人员才弄懂，那"凶器"原来是照相机。

之后，随着感光材料的不断发明及摄影技术的进一步发展，照相机也不断得到完善。

1947 年，美国的爱德文·兰德发明了新型照相机。这种照相机可以一次成像。具体地说，拍摄以后，只需要短短的几十秒钟时间，一张照片就会从照相机内被慢慢地"吐"出来。

科学的发展是没有止境的，在未来，将会有更令人称奇的照相机出现。

（刘宜学）

"我听到了，我听到了"

——贝尔发明电话的故事

　　1847 年 3 月 3 日，亚历山大·贝尔出生在英国的爱丁堡，他的父亲和祖父都是颇有名气的语言学家。受家庭的影响，贝尔小时候就对语言很感兴趣。他喜欢养麻雀、老鼠之类的小动物，觉得动物的叫声美妙动听。上小学时，他的书包里除了装课本，还经常装有昆虫、小老鼠等。有一次，老师正在讲《圣经》的故事，忽然他书包里的老鼠蹿了出来，同学们躲的躲，叫的叫，弄得教室内大乱。老师怒不可遏，觉得这样的学生不可教。

　　不久，贝尔的父亲就将贝尔送到住在伦敦的祖父那儿。这位慈祥的老人虽然很疼爱孙子，但对孙子的管教十分严格。祖父深谙少年的学习心理，他不采用填鸭式的方法，硬逼贝尔学习书本上的知识，而是从培养贝尔的学习兴趣入手。渐渐地，贝尔有了强烈的求知欲，学习成绩也上去了，成了优等生。贝尔后来回忆道："祖父使我认识到，每个学生都应该懂得的普通功课我却不知道，这是一种耻辱。他唤起我努力学习的愿望。"

　　一年之后，贝尔又回到了故乡爱丁堡。在他家附近，有一座磨坊。贝尔觉得这种老式水磨太费劲了，要改进改进。于是，他查阅各种资料，设计出一幅水磨的改良图。这图虽然画得不规范，但构想十分巧妙。经过工匠师傅改良，水磨果然运转灵活，操作起来比原来省力多了。从此，他成了远近闻名的"小发明家"。

　　贝尔从这里看到了发明创造的意义：每一项发明都将使很大一部分人受益，都是人类向前迈进的一块基石。

　　1873 年，26 岁的贝尔受聘美国波士顿大学，成为这所大学的语音学教授。贝尔在教学之余，还研究教学器材。有一次，他在做"可视语言"实验时，发现了一个有趣的现象：在电流流通和截止时，螺旋线圈会发出噪声，声音就像电报机发送莫尔斯电码时发出的"滴答"声一样。

"电可以发出声音！"思维敏捷的贝尔马上想到，如果能够让电流的强度变化模拟出人在讲话时的声波变化，那么，电流将不仅可以像电报机那样输送信号，还能输送人发出的声音。这也就是说，人类可以用电传送声音。

贝尔越想越激动，于是他将自己的想法告诉电学界的朋友，希望从他们那里得到有益的建议。然而，这些电学专家听到这个奇怪的设想后，有的不以为然，有的付诸一笑，甚至有一位专家不客气地说："只要你多读几本《电学常识》之类的书，就不会有这种幻想了。"

贝尔碰了一鼻子灰，但他并不沮丧。他决定向电磁学泰斗亨利先生请教。

亨利听了贝尔的介绍后，微笑着说："这是一个好主意！我想你会成功的！"

"尊敬的先生，可我是学语音学的，不懂电磁学。"贝尔怯怯地说，"恐怕这个想法很难变成现实。"

"那你就要学会它。"亨利斩钉截铁地说。

得到亨利的肯定和鼓励，贝尔觉得自己的思路更清晰了，决心也更大了，他暗暗打定主意："我一定要发明用电传声的设备。"

此后，贝尔便一头扎进图书馆，从阅读《电学常识》开始，直至掌握最新的电磁研究动态。

有了丰富的电磁学理论知识，贝尔便开始筹备实验。他请来18岁的电器技师沃特森做实验助手。他们终日关在实验室里，反复设计方案、加工制作，可一次次都失败了。"我想你会成功的！"亨利的话时时回荡在贝尔的耳边，激励着贝尔以更加饱满的热情投入到研制工作中去。

光阴如梭，两年过去了。1875年5月，贝尔和沃特森研制出两台原始样机。这两台样机的构造与工作原理是：在一个圆筒底部蒙上一张薄膜，薄膜中央垂直连接一根炭杆，插在硫酸液里。这样，人对着它讲话时，薄膜受到振动，炭杆与硫酸接触的地方电阻发生变化，随之电流也发生变化，也就产生了变化的声波，由此实现声音的传送。

可是，经过验证，这两台样机还是不能通话，试验再次失败。

经反复研究、检查，贝尔确认样机的设计与制作没有什么问题。"可为什么失败了呢?"贝尔苦苦思索着。

一天夜晚，贝尔站在窗前，锁眉沉思。忽然，从远处传来了悠扬的吉他声。那声音清脆而又深沉，美妙极了!

"对了，沃特森，我们应该制作一个音箱，提高声音的音量。"贝尔从吉他声中得到启迪。

于是，两人马上设计了一个制作方案。一时没有制作音箱的材料，他们就把床板拆了。几个小时奋战之后，木制音箱终于制成了。

1875年6月2日，他们又对带音箱的样机进行试验。贝尔在实验室里，一面调整机器，一面准备对着送话器呼唤。沃特森则在隔着几个房间的另一间实验室中等待传送的声音。

忽然，贝尔在操作时不小心把硫酸溅到腿上，他疼得对着送话器喊道："沃特森先生，快来呀，快点来!"

"我听到了，我听到了。"沃特森高兴地从那一头冲过来。他顾不上看贝尔受伤的地方，把贝尔紧紧拥抱住。贝尔此时也忘了疼痛，激动得热泪盈眶。

当天夜里，贝尔怎么也睡不着。他半夜爬起来，给母亲写了一封信。信中他写道：

> 今天，对我来说是个重大的日子。我们的理想终于实现了! 未来，电话将像自来水和煤气一样进入家庭。人们各自在家里，不用出门也可以进行交谈了。

可是，人们对这新生事物的诞生反应冷漠，觉得它只能用来做做游戏，没什么实用价值。于是，贝尔一方面对样机进行完善，另一方面利用一切机会宣传电话的使用价值。

　　三年之后的 1878 年，贝尔在波士顿和纽约之间进行了首次长途电话通话试验，结果大获成功。在这以后，电话很快在北美各大城市中盛行起来。

（刘宜学）

再造一轮太阳

——爱迪生发明白炽灯的故事

1879 年的一天，在美国，人们奔走相告：在即将赴北极探险的佳内特号考察船上，装有由爱迪生发明的电灯。

在佳内特号考察船出发的前夕，许多人涌向码头，踏上船，希望亲眼看看电灯的模样。

"那电灯比油灯、蜡烛亮多了！"

"这艘船装上这么个外形像茄子一样的玩意儿，像黑夜里有了一轮太阳！"

"这东西真是太神了，不可思议！"

人们七嘴八舌地谈论着，激动、惊喜的心情溢于言表。

虽然在今天看来，这种内部装有炭做成的灯丝的灯泡，只不过比手电筒亮一点，但是在当时，着着实实让人惊艳。

爱迪生这位伟大的发明家一生发明了许多东西，其中能够立即得到人们热烈欢迎的，却只有电灯。因为电灯的好处是人们看得见的。它的出现，意味着人们又有了一轮太阳，人们的活动不再受到黑夜的制约了。

早在 1821 年，英国科学家戴维和法拉第就发明了一种叫电弧灯的电灯。这种电灯用炭棒作灯丝，虽然能发出亮光，但是光线刺眼，耗电量大，寿命也不长，因此很不实用。

"电弧灯不实用，我一定要发明一种光线柔和的电灯，让千家万户都能用得上。"爱迪生暗暗下了决心。

于是，他开始对各种灯丝材料进行试验：用传统的炭条作灯丝，一通电灯丝就断了；用钌、铬等金属作灯丝，通电后，灯丝亮了片刻就被烧断；用白金丝作灯丝，照明效果不理想……

就这样，爱迪生以极大的毅力和耐心试验了1600多种材料。他一次次试验，一次次失败。很多专家都认为电灯研制的前途黯淡，英国一些著名专家甚至讥讽爱迪生的研究是"毫无意义的"，是"在干一件蠢事"，一些记者也报道说"爱迪生的理想已成泡影"。

面对失败，面对一些人的冷嘲热讽，爱迪生没有退却。他明白，每一次失败都意味着他又向成功走近了一步。

一次，爱迪生的老朋友麦肯基来看望他。麦肯基看到爱迪生玩命地工作，忧心忡忡地说：

"先生，您可别累坏了身体！"

爱迪生望着麦肯基说话时一晃一晃的长胡须，突然眼睛一亮，说：

"胡子，先生，我要用您的胡子。"

麦肯基剪下一缕交给爱迪生。爱迪生满怀信心地挑选了几根粗胡子进行炭化处理，然后装在灯泡里。可令人遗憾的是，试验结果也不理想。

"那就用我的头发试试看，没准还行。"麦肯基说。

爱迪生被老朋友的精神深深感动了，但他明白，头发与胡须性质一样，因此没有采纳老人的意见。麦肯基小坐了一会儿，就要告辞。爱迪生起身，准备为这位慈祥的老人送行。他下意识地帮老人拉平身上穿的棉线外套。突然，他又喊道：

"棉线，为什么不试试棉线呢？"

麦肯基毫不犹豫地解开外套，撕下一片棉线织成的布，递给爱迪生。爱迪生把棉线放在U形密闭坩埚里，再把坩埚放进火炉用高温加热，以对棉线进行炭化处理。接着爱迪生用镊子夹出炭化棉线，准备将它装到灯泡内。可由于炭化棉线又细又脆，加上爱迪生过于紧张，拿镊子的手微微颤抖，因此棉线被夹断了。最后，费了九牛二虎之力，爱迪生好不容易才把一根炭化棉线装进了灯泡。

此时，夜幕降临了。爱迪生的助手把灯泡里的空气抽走，小心翼翼地封上口，并将灯泡安在灯座上。一切准备就绪，大家静静地等待着结果。

接通电源后，灯泡发出了金黄色的光辉，把整个实验室照得通亮。爱迪生和助手们的脸上绽放出久违的笑容。13 个月的艰苦奋斗，试用了 6000 多种材料，进行了 7000 多次试验，至此爱迪生终于有了突破性的进展。

但这灯泡究竟会亮多久呢？

爱迪生和他的助手们聚精会神地注视着灯泡。1 小时、2 小时、3 小时……这盏电灯足足亮了 45 小时，灯丝才被烧断。这是人类第一盏有实用价值的电灯。这一天——1879 年 10 月 21 日，后来被人们定为电灯发明日。

"45 小时，还是太短了，必须把它的寿命延长到几百小时，甚至几千小时。"爱迪生没有陶醉于成功的喜悦之中，而是给自己提出了更高的要求。

于是，他又继续做试验。受棉丝试验成功的启发，他又试用了椰子鬃、麻绳等，结果都不尽如人意。

一天，天气闷热，爱迪生满头大汗，浑身几乎湿透了。他顺手取来桌面上的竹扇，一边扇着，一边思考着问题。

"也许竹丝炭化后效果更好。"爱迪生简直是见到什么东西都想试一试了。

试验结果表明，用炭化竹丝作灯丝，灯丝更为耐用，灯泡可亮将近 1200 个小时。

后来，经过进一步试验，爱迪生发现用炭化后的日本毛竹丝作灯丝效果最好。于是，他开始联系工厂，大批量生产电灯。他把生产的第一批灯泡安装在佳内特号考察船上，以便考察人员有更多的工作时间。此后，电灯开始进入寻常百姓家。

人们在使用这种用竹丝作灯丝的灯泡几十年后，又对它进行了改进，即用钨丝作灯丝，并在灯泡内充入惰性气体氮或氩。这样，灯泡的寿命又延长了许多。我们现在使用的就是这种灯泡。

（刘宜学）

由打赌开始

——卢米埃尔兄弟等人发明电影的故事

1872 年的一天，在美国加利福尼亚州的一家酒店里，有两个人正在进行一场激烈的论战，他们争论的问题是：马在奔跑时蹄子是否都着地？

"马在奔跑跃起时始终有一只蹄子着地。"一个人说。

"马在跃起的瞬间 4 只蹄子都是腾空的。"另一个人针锋相对地反驳道。

两人争得面红耳赤，可谁也说服不了谁。于是，他们采用了美国人惯用的方式——打赌来解决。

他们约定好打赌的金额后，请来了一位驯马好手当裁判。可这位裁判支支吾吾了半天，也说不清答案。于是，他们三人来到跑马场，牵来一匹马，想当场看个究竟。可遗憾的是，由于马奔跑的速度太快，根本无法看清马蹄是否着地。

英国摄影师麦布里治知道了这件事后，表示他有办法解决这个问题。他在跑道的一边并列安置了 24 架照相机，镜头都对准跑道；在跑道的另一边，他打了 24 根木桩，每根木桩上都系上一根细绳；这些细绳横穿跑道，分别系到对面每架相机的快门上。

一切准备好了以后，麦布里治牵来一匹赛马，让它从跑道的一端奔跑过来。马经过安置有照相机的路段时，依次把 24 根细绳绊断，与此同时，24 架照相机也就依次拍下了 24 张照片。麦布里治把这些照片按先后顺序排列起来，由于相邻的两张照片上动作相差无几，它们组成了一条照片带，呈现了一组奔马连续奔跑的动作。从照片上就可以看出，马在奔跑时总有一只蹄子是着地的，持这一观点的人打赢了这场赌。

这场赌有了个明确的答案，同时也产生了"副产品"——一组连续的奔马驰骋照片。有一次，麦布里治快速地抽动那条照片带，结果眼前出现了一幕奇异的景象：照片中的那匹静止的马变成了一匹运动的马，马竟然"活"了！

于是，麦布里治把这些照片做成透明的，按顺序均匀地贴在一块玻璃圆盘上，又做了一块同样尺寸的金属圆盘，并在贴照片的位置上开了一个个和照片大小相同的洞，然后，让一束强光透过照片射向白幕，并使两块圆盘相互反向旋转起来，这样，就可以在白幕上看到马奔跑的连续动作。麦布里治把自己设计的这个机器叫作"显示器"。

其实，这个显示器的工作原理与现在电影放映机的一样。它利用了人眼的视觉暂留效应，即人的视觉反映能在脑中滞留很短的一段时间。因此，一张张静止的照片，如快速移动，相邻的两张照片能在这一段很短时间内连贯起来，那么画面就"活"了。

1887 年，发明家爱迪生受到显示器的启发，成立了第五研究室，致力于影像放映设备的研究。经过一番努力，他终于制成了第一台放映机：它的形状像长方形柜子，上面装有一只突起的透视镜，里面装着蓄电池和带动胶卷的设备；胶片绕在一系列纵横交错的滑车上，以每秒 46 幅画面的速度移动；在影像通过透视镜的地方，安置着一面大倍数的放大镜。观众从透视镜的小孔向里看时，急速移动的影像便在放大镜下构成一幕幕活动的画面。

1894 年 4 月，爱迪生的放映机在纽约第一次演示，获得了成功。不过，这种放映机存在着许多缺点，且不说它不能投影于大型幕布上，就图像显示来说也不清晰，因为它是让胶片不停地经过片门，而不是以"一动一停，一动一停"的方式经过片门（即在胶片运动时遮住片门，而当胶片不动时打开片门）。

爱迪生对自己发明的这台放映机也很不满意，也想解决胶片传送方式的问题，可他束手无策。

法国科学家奥古斯特·卢米埃尔和路易·卢米埃尔兄弟俩，对电影设备的研制也很感兴趣，他们希望攻克放映技术研发的难题，拿出真正可行的电影放映方案来。

1894 年末的一天深夜，路易在设计胶片传送的模拟图时忽然想到：用缝纫机缝衣服时，衣料不正是作"一动一停"式的运动吗？当缝纫机针插进布里时，衣料不动；当缝纫机针缝好一针向上收起时，衣料就向前挪动一下，这不是跟胶片传送所要求的方式很相像吗？

于是，他兴奋地告诉哥哥奥古斯特，他已经有了解决问题的办法，即用类似缝纫机压脚那样的机械所产生的运动来拉动片带。这样当这个牵引机件再次上升的时候，尖爪便在下端退出洞孔，使胶片静止不动。

经试验，路易的想法果然可行。后来奥古斯特在一篇文章中说："我的弟弟在一个夜晚就发明了活动电影机。"

此外，他们兄弟俩还利用许多科学家和发明家的研制成果，对原始的电影放映机做了多次改进。

1895 年 12 月 28 日，巴黎的一些社会名流应卢米埃尔兄弟的邀请，来到卡普辛大街 14 号大咖啡馆的地下室观看电影。观众在黑暗中，看到白布上的画面形象逼真。一位记者这样报道："一辆马车被飞跑着的马拉着，迎面跑来。我的邻座中的一位女士看到这一景象竟十分害怕，以致突然站了起来。"

这就是世界上第一部真正的电影，它意味着电影技术开始走向成熟。后来，人们把这一天——1895 年 12 月 28 日定为电影诞生日，卢米埃尔兄弟也被称为"现代电影之父"。

（刘宜学）

让电磁波造福人类

——波波夫、马可尼发明无线电的故事

1886 年，德国著名物理学家赫兹在实验室内做火花放电实验时，发现了一个奇异的现象：每当放电线圈放电时，在附近几米外的另一个开口的绝缘线圈中竟会迸发出一束小火花。这使他想起英国物理学家麦克斯韦的电磁理论，这跳跃的小火花是不是意味着电磁波能在空间传播呢？

两年之后，赫兹通过实验证实了电磁波的存在。电磁波像光一样，可以在空中传播。可令人遗憾的是，赫兹并没有进一步探索电磁波的应用问题，而是断然否定了电磁波的用途。他说，电磁波"没有什么用处"。

然而，赫兹的这一发现震动了科学界。一些有远见卓识的科学家预言：电磁波的发现，不仅在理论上具有重大的意义，而且在应用工程领域一定会引发一场深刻的革命。许多科学家纷纷加入电磁波的研究队伍中，一时形成了"群雄逐鹿"的局面。

在这一研究队伍中，有两位年轻的科学家——俄国的波波夫和意大利的马可尼。他们在不同的国度，几乎在相同的时间内，都对无线电的诞生作出了举世瞩目的贡献。

让我们先来看看波波夫的发明历程吧！

1888 年，29 岁的波波夫得知赫兹发现电磁波的消息后异常兴奋，他敏锐地察觉到，这是一方大有作为的天地。于是，曾经立志推广电灯的波波夫改变了研究的方向。他对朋友们说："我用毕生的精力去安装电灯，对于广阔的俄罗斯来说，那只不过照亮了很小的一角；要是我能指挥电磁波，就可以飞越整个世界！"

此后，他埋头研究，向自己的目标发起了冲击。

1894年，波波夫在汲取法国人布兰利、英国人洛奇等同行经验的基础上，制成了一台无线电接收机。这台接收机的核心部分用的是改进了的金属屑检波器，它的结构与洛奇研制的接收机相似。但它不用打字机，改用电铃做终端显示，电铃的小锤可以把检波器里的金属屑震松。电铃用一个电磁继电器带动，当金属屑检波器检测到电磁波时，继电器接通电源，电铃就响起来。这台接收机的灵敏度要比洛奇研制的那台好多了。

波波夫还在这台接收机上创造性地使用了天线。天线的发明是十分偶然的。有一次，波波夫在实验中发现，接收机检测电波的距离突然比往常增加了许多。"这是怎么回事呢？"波波夫一直找不出原因。后来，他发现有一根导线搭在了金属屑检波器上。他把导线拿开，电铃就不响了；把实验距离缩小到原来那么近，电铃又响了起来。波波夫喜出望外，连忙把导线接到金属屑检波器的一头，并把检波器的另一头接到地上。经过再次试验，结果表明使用天线后信号传递距离剧增。就这样，无线电天线问世了！

此后不久，波波夫用电报机代替电铃作为接收机的终端。这样，世界上第一台无线电电报机诞生了。

1896年3月24日，波波夫在俄国物理化学协会年会上，正式进行无线电传递莫尔斯电码的演示。

在表演之前，波波夫把收报机装设在会议大厅，把发射机放在距大厅250米外的一座大楼里。演示开始了，发射机发出信号，收报机的纸带上打出了相应的点和线。会议主席把接收到的电码翻译成文字，并逐一写在黑板上。最后，黑板上出现一行电文：亨利希·鲁道夫·赫兹。演示成功了！这份寥寥数字的电报，是世界上第一份有明确内容的无线电报。

就在波波夫进行这次演示后的两三个月，也就是1896年的初夏，意大利科学家马可尼离开祖国，登上了开往英国伦敦的邮轮。他站在船头，望着滚滚波浪，不禁回想起自己近10年的奋斗历程。

马可尼16岁那年，在意大利博洛尼亚大学读书，他的老师是赫赫有名的电学专家李奇教授。李奇十分喜欢这位聪颖好学的学生，常常将一些学术杂志借给马可尼看。有一次，马可尼在杂志上看到了几篇介绍赫兹实验的文章。他感到赫兹打开了电学的一扇窗口，外面的世界一定很精彩。于是，他在李奇的指导下，阅读了许多相关文章，做了不少电磁实验。

此后，马可尼在家里庄园的楼上潜心做实验。在那里，他不知度过了多少个不眠之夜。

1894年，马可尼终于实现了无线电信号传送。他在楼上楼下分别装上电报的发送和接收装置。他在楼上一按电钮，楼下客厅里就传来一阵阵铃声。马可尼为此深受鼓舞。

次年秋天，马可尼把发送装置装在离家2.7公里外的一座小山的山顶上，把接收装置安放在家里的三楼上。结果接收装置收到了发送装置发出的信号，马可尼的试验又获得成功。

马可尼准备将试验距离扩大，进一步检测电磁波发送装置的信号发射能力，可这需要一大笔经费。他立即写信给意大利邮电部部长，阐明了试验的重大意义，要求邮电部门予以支持。可政府部门对此不感兴趣，认为马可尼是骗子，是"一个不玩猴子的卖艺人"。痛心至极的马可尼只好离开意大利，来到对科学技术颇为重视的英国。

马可尼来到英国后，得到英国政府及学术界的热烈欢迎。英国政府批准了他的发明专利，并为他提供了一切试验条件。有了良好的条件，马可尼如虎添翼，试验进展得十分顺利。

1897年5月11日，马可尼在英国西海岸布里斯托尔海峡南端的拉渥洛克，进行了跨海无线电通讯试验。他在发报和收报两地各竖起一根很高的杆子，上面架设了用金属圆筒制成的天线。试验获得成功，无线电通讯距离达到了4.8公里。这一成绩，与波波夫在这年年初取得的通讯距离达5公里的结果十分相近。

同年5月18日，马可尼又完成了从拉渥洛克发往另一个小岛布瑞当的跨海收发报通信试验。这次，他用双面覆盖着锡箔的风筝代替天线。因为风筝可以升得更高，收发报距离猛增到14.5公里。

马可尼的无线电通讯技术在当时已居于世界最先进的水平，他远远地把波波夫抛在后面。

1901年12月，马可尼在英国的康沃尔建立了一个装备有大功率发射机和先进天线设备的发射台。然后，他带着助手来到大西洋彼岸的加拿大圣约翰斯安装接收装置，并用氢气球把天线高高吊起。

从 12 月 5 日起，英国康沃尔发射台开始连续使用 60 米高的天线发射无线电波。令人意想不到的是，氢气球发生了爆炸，整个试验面临夭折。12 月 12 日，马可尼只好临时用大风筝把天线升到 121 米的高空。终于，他们收到了从英国发出的事先商定好的莫尔斯电码"S"，越洋收发报距离达3200 公里的实验成功了！

这一消息轰动了世界。世界各大报纸以醒目的标题竞相报道："电波征服了地球""马可尼发明横跨大西洋无线电报获成功"……

此后，无线电波开始为人类服务，它使人类的通信事业获得了空前的发展。

1909 年，35 岁的马可尼因为发明无线电通信技术荣获这个年度的诺贝尔物理学奖。可在 1906 年，最早发明无线电报的波波夫去世了，没能获得这一荣誉。但是，人们并没有忘记波波夫的功绩，他和马可尼都被公认为"无线电之父"。

（刘宜学）

一个"浪漫"的预言实现了

——贝尔德等人发明电视的故事

20 世纪 20 年代，美国有一位名叫雨果·根斯巴克的作家在他写的科学幻想小说中预言，几百年以后人们就可以坐在自己家里欣赏 6 公里以外国家剧院的演出了。他的预言代表了当时人们的共同愿望。可是，有不少人对这一预言持怀疑甚至否定的态度。有人说，雨果·根斯巴克的预言过于浪漫、不切实际，是永远不可能实现的预言。

然而，科学技术的发展日新月异。仅仅在作家做出预言之后的 10 多年，电视就诞生了。至四五十年代，电视在一些发达国家已经开始普及，雨果·根斯巴克的预言已经完全实现。人们不仅可以在家里观看 6 公里以外的演出，甚至可以看到数千公里以外的政府首脑的演说。

这个预言是怎样成为现实的呢？

早在 1873 年，电气工程师史密斯在研究海底电缆的一个装置时，发现硒遇见阳光就像电池一样会产生电；遮住阳光后，硒就不产生电。这可是个奇怪的现象，因为在当时人们普遍认为只有发电机或电池才能产生电。

史密斯的发现引起了不少科学家的关注。美国工程师肯阿里知道这件事后，动手制作了一个特殊的装置，即在两块金属板中间夹上硒。这样，这个装置在阳光照射下，就会从金属板处发出微弱的电流。因为这是光发电，因此肯阿里把这个装置称为"光电池"。

"电话装置里的电流能随着声音的大小而变化，而光电池在强光下产生强电流，在弱光下产生弱电流，能不能利用它的这种特性来传送图像呢？"想象力丰富的肯阿里产生了这么个念头。

　　1875 年，肯阿里设计了一个实验方案：按照一张照片上的图像，用黑白小点组成图像的形状；再将许多硒的小颗粒密集地排列在一块板上，同时做一个用小灯泡密集排列成的装置；最后，用电线一对一地将每个小点和小灯泡连接起来。

　　照理说，当把黑白小点组成的图像放在硒板前，用灯光照射时，由于黑点的地方透过的光比较弱，硒粒发出弱的电流，白点的地方透过的光比较强，硒粒发出强的电流，硒粒上的电流强弱通过电线以小灯泡的亮暗呈现出来，就会构成一幅灯光图。可是，肯阿里的实验失败了。

　　10 年后，德国科学家尼普科夫意识到肯阿里的实验设想没有错，只是硒所产生的电流实在太小，不能使小灯泡发亮。于是，他也利用硒的特性，设计出了性能比光电池好得多的“光电管”。

　　有了光电管，尼普科夫在肯阿里实验的基础上，设计了一个新的方案。他让一块布有螺旋形排列小孔的网板在图像前旋转，光通过小孔扫描图像，照射到硒粒上。随着光的强弱变化而产生的电流通过电线传送到远处，使远处的小灯泡发光。在远处的发光小灯泡前，让同样布有螺旋形排列小孔的网板，按与图像前网板相同的速度旋转。这样，小灯泡的光通过网板小孔照射到白纸上，就可以形成与原始图像相同的扫描图像。

　　1887 年，尼普科夫新方案以失败而告终。他明白，这还是光电管所产生的电流太弱，达不到要求所致。

　　发明图像传送装置的梦想，牵引着许多科学家的心。其中，英国科学家贝尔德对这一装置简直迷得发疯。他在从事这项研究的同时，也关注着相关科学技术的进展。他认定，从理论上来说，肯阿里的实验和尼普科夫的实验都没有错，只是技术设备还不成熟。电视的诞生，需要其他技术作为“催产剂”。

　　1906 年，美国科学家德福雷斯特发明了三极管，它可以把微弱的电流放大。

　　1912 年，德国科学家耶斯塔和盖特发明了新型光电管。它的性能比光电池提高了几倍，可根据光的强弱将光转换成不同强度的电流。

　　万事俱备，只欠东风。贝尔德决定吸收其他科学家的研究成果，将图像传送装置的研制继续进行下去。

贝尔德的想法是：在靠近硒板的地方放一张照片，再把一束光投射到照片上并移动光束，使它照遍照片的各个部位并反射到硒板上。这样，硒板上的感光粒就会随着图像的明暗变化而产生强度不同的电流。这个过程也就是现在人们所说的图像扫描。产生的电流被输送给发射机，由发射机用线路或无线电发射出来，再由接收机接收，接收机把电波转换成明暗不同的图像。不过，这个装置只能传送并呈现静止的图像。

贝尔德为了研究、发明图像传送装置，耗尽了所有的家产。他一无所有，但仍顽强地坚持研制，终于制造出一台能传递静止图像的"机械扫描电视机"。

这台原始的电视机并没有引起社会太多的关注。贝尔德感到自己无力坚持研究下去了，因为他连吃饭都成问题了。他只好将机械扫描电视机赠送给科学馆以换取一笔小小的款项，来维持最低的生活水平，保证最基本的研究条件。

拮据的局面稍有缓解，贝尔德就对机械扫描电视机继续进行改进。他把钻了许多洞的圆盘安装在一根织针上，将光投射到转动的圆盘上进行扫描，他把这个装置称为"转换器"。转换器按固定的顺序扫描图像的不同部位，再将时强时弱的光转换成电流。强度不同的电流发射给接收机，再被转换成图像。改进后的电视机扫描和投放出来的图像比原来清晰逼真多了。

1925年10月2日，在英国伦敦一家百货店里，贝尔德用圆盘对一个小伙计进行扫描，结果电视平面屏幕上出现了小伙计的面容，一时轰动了英国。

1931年，贝尔德在伦敦大剧院进行电视"实况转播"试验。他要对距伦敦大剧院23公里的赛马场上的赛况进行转播。那天，整个伦敦大剧院被围得水泄不通。赛马开始了，只见电视屏幕上出现了奔跑的马、欢呼的人群……贝尔德终于成功了！他被兴奋的观众抬起，抛向空中，脸上挂满了泪花。

（刘宜学）

再现"厨房辩论"

——丁布伦等人发明录像机的故事

1959 年，时任美国副总统的尼克松访问苏联，为在苏联举行的美国国家博览会揭幕，之后，他在举世瞩目的美苏两国首脑会上与时任苏联部长会议主席赫鲁晓夫进行了一场著名的"厨房辩论"。这场唇枪舌剑的场面，被跟随尼克松访问的美国技术人员录了下来。

辩论结束后，赫鲁晓夫被邀请观看一个"精彩的节目"。当看到电视屏幕上出现了自己唾沫横飞的形象时，赫鲁晓夫大吃一惊，问道："这是怎么回事？"

人们告诉他："这是录像机录下的，您及尼克松副总统已成为世界上最早的录像'明星'。"

其实，早在电视机问世之后，有的科学家就产生了这么一个念头：把电视信号记录下来，需要时再取出来放，就好像录音机把声音录下来供日后重放一样。

1926 年，英国发明家贝尔德在对留声机、电视机深入研究的基础上，发明了一种有声电视唱片。它的制作方法是：把 30 线的扫描图像通过特殊的机器转变为音频信号，然后像制作唱片一样，在录像唱片上刻出螺旋沟槽。显然，它的图像模糊得"不堪入目"。但这是人类第一次刻录并再现图像，因此，许多人前来观看这种原始录像设备。贝尔德还为他的发明申请了专利。

1927 年，俄国科学家日乔鲁夫决心对贝尔德发明的有声电视唱片进行重大改进。他设想用波兰人波尔逊发明的钢丝录音技术记录图像和声音，其图像肯定要比贝尔德采用的录像方式获得的图像清晰。日乔鲁夫还向英国政府申请到了这个设想的专利。可是，由于经济等方面的原因，他的设想并没有被付诸实践。

录像设备的制造水平随着电子工业发展水平的提高而提高。

1936 年，黑白电视机的线数已发展到了 405 线。显然，机械方式的扫描已经无能为力了。科学家们又设想将电子扫描的原理应用到电视录像设备的研发上。

英国广播公司的技术员丁布伦对录像设备很有兴趣。他深深感到，适应当前技术发展的、更加实用的录像设备如能研制成功，将对人类的生活产生深远的影响。

他决心要把最新的电子技术应用于录像设备中。为了实现这一目标，他到各大图书馆查阅了大量的资料。专家们提出了各种不同的研制方案，有的专家还总结了自己研制失败的原因。这些都为丁布伦确定研制方案奠定了基础。

在确定了研发方案后，丁布伦开始进入方案的实施阶段。他按研制的需要，购买了大量的电子元件以及必备的工具。接着，组装工作开始了。要把成千上万个电子元件焊接到它所应放置的地方，需要付出极大的脑力劳动和体力劳动。为了尽早实现自己的梦想，丁布伦不知疲倦地工作。

20 世纪 50 年代初，艰苦而又漫长的组装工作结束了。丁布伦瘦了一圈，但是制造出了一个硕大的机器。它就是世界上第一台真正的录像机！

这台录像机有两个大磁带盘，磁带以每秒 5 米的速度经过一个静止的录像磁头。尽管它的录像效果还不错，但它体积太庞大了，用起来极不方便，没有什么推广价值。不久，丁布伦把它当作废品拍卖，以收回部分投入的资金。

1956 年，美国安派克斯公司的一批技术人员通力合作，首次制造出了更加实用的电视磁带录像机。这种录像机磁带宽为 50 毫米，走带速度为每秒 39.7 厘米。它的磁鼓由 4 个磁头组成，磁鼓旋转速度为每秒 250 次。整个录像机的体积与一辆小型汽车差不多。

1959 年，德国德律风根公司和日本东芝公司发明了螺旋扫描技术，体积较小的录像机终于诞生了。

此后，录像机才开始真正得到应用。

（刘宜学）

科幻作家的幻想

——科学家发明卫星通信的故事

20 世纪 50 年代，无线电通信由依靠长波、短波传播发展到微波传播。微波"跑"得又快又远，而且十分灵活，可是它也有不少缺点。比如，当它射向电离层时，它不是像短波那样被电离层反射，而是穿越电离层而去；它沿直线在空中传播，遇到大的障碍物就无法前进，即使没有遇到障碍物，由于地球表面是球面，所以当传播距离较远时，它往往被拱形的地面阻隔。因此，要让微波"跑"得更远些，必须把天线架得高高的，但即便如此，增加的传播距离也很有限。高达 600 米的电视发射天线，其传播距离也只有 150 多公里。

为了克服微波通信的这一缺陷，科学家从运动会上的接力赛跑中得到启发，发明了一种微波接力通信的方式。它的具体做法是：每隔 50 公里左右，建立一个微波接力站即中继站。微波中继站的任务是自动把前一站发来的微波信号接收下来并加以放大，然后再转给下一站。如此像接力赛跑一样，一站一站地把信号转送到远方。

这个办法基本上能解决问题，但是它也有两个不尽如人意的地方：一是建造微波中继站，需要投入许多的人力物力，尤其在通信距离较远时，这个问题显得更为突出；二是两个中继站中间有障碍物或一个中继站处于地平线以下的地方，两地之间还是没办法通信。

这两大难题困扰着科学家。

正是在这种情况下，许多科学家不约而同地想起了英国科普作家克拉克的幻想和建议。

克拉克既有作家富于幻想的浪漫情怀，又有科学家缜密的思维方式。他曾在他的一部科学幻想小说中大胆地写道：高悬在天空中的月亮，真是天造地设的通信中间站，将它作为接收和反射地面信号的中间站，就可以实现远距离通信和跨海通信。

克拉克意识到，这种过于超前的幻想只能出现在小说中，因为月球与地球相距太远了，而且月球与地球的相对位置在不停地变化。但是，他认为让月球在太空中扮演中间站的角色是完全可行的。1945 年，克拉克提出了这一设想，并建议采用三颗相互间等距离间隔的同步卫星组成除两极以外的全球通信网。

科学家们对克拉克的设想与建议颇感兴趣。他们知道，卫星能从根本上解决微波远距离传播问题。但是，要让卫星上天，绝非一朝一夕能办到的事。他们在等待航天领域的新突破。

1957 年 10 月 4 日，苏联成功地发射了第一颗人造地球卫星。这使从事电信科学研究的专家们欣喜若狂。他们明白，克拉克的设想即将成为现实了。

1960 年，美国贝尔电话公司的皮尔斯等科学家利用涂铝气球卫星"回声 1 号"接收和反射无线电话信号，首次成功地完成了人造卫星通信的实验。

皮尔斯以及此后许多科学家的实验表明，在卫星上设置自动微波接收装置，既可接收地面发去的信号，又可把这些信号放大处理后，再转发到另一个地面站，以实现两地间的通信。这样，可以省去两地间设立的微波中继站。而且，在卫星所覆盖的地区之内，任何两个地方都可通过卫星实现通信，不论这两个地方之间是否横亘着高山大川，是否处于同一个半球。这彻底解决了关于微波传播的两大难题。此外，卫星通信容量大，一个通信卫星可提供大面积的通信服务。科学家们对卫星通信寄予厚望。

1964 年 8 月 19 日，美国成功发射了世界上第一颗静止同步卫星辛康 3 号。这颗卫星的运行速度与地球自转同步，在人们看来，它就像停在空中一样。它在发射后不久，就成功地转播了在东京举行的奥运会。处在不同地区的人们通过电视屏幕，看到了激动人心的比赛场面。

此次转播的成功，证明静止同步卫星是理想的通信卫星，也证明克拉克的建议是完全可行的。

1965 年 4 月，以美国为首的国际通信卫星组织成功发射了既具有实验性又具有商业性的国际通信卫星 1 号，它可传输 240 路双向电话线路或 1 路电视线路。这标志着同步通信卫星有了应用价值。

此后，不少国家发射了通信卫星，人类的卫星通信事业得到了蓬勃发展。

（刘宜学）

千里一线牵

——高锟发明光纤通信的故事

在人类历史上，最早用火光传递信息的国家当属中国。据记载，早在2700多年前的西周，就曾发生一起"周幽王烽火戏诸侯"的事件：

西周时候，为了防备西边部族的侵扰，周王命令在镐京城附近的骊山一带修了许多座烽火台。如果发现西边部族来进攻，晚上戍卒们就在烽火台上烧起大火，白天就在烽火台上燃烧柴薪冒起"狼烟"，向各地诸侯发出警报。远方的诸侯看到火光或烟雾，就知道镐京城告急，天子有难，赶快带着军队和战车前来救援。因此，烽火台是重要的报警设施。

当时的周幽王的王后褒姒很得周幽王的宠爱，但她有个怪脾气，就是从来不笑。为此，周幽王想出了千百条妙计，想要逗引褒姒笑一笑，都没成功。后来，有位大臣向周幽王献一妙计：着人在烽火台上点起熊熊的烽火，让诸侯们带着千军万马汗流浃背地赶到镐京城。见到如此"热闹"的情景，褒姒准会笑。周幽王采用了这一计策，果然逗得她嫣然一笑。

显然，这种使用火光传递信息的方式是十分原始的，具有许多缺陷。比如：光只能直线传播，不能转弯；在传播过程中光信号衰减得快，传播距离很有限；用光传递信息目标大，不易保密，且不易反映复杂的通信内容。因此，这种通信技术长期处于停滞不前的状态。

20世纪初，从事通信研究的科学家再次将目光投向光。人们认识到：光的容量很大，适合做现代通信中的传递媒介。利用光进行通信技术革新，将开辟电信事业的新天地。

可是，自然光的亮度、光波频率及光束能量的集中性等都不理想。必须使用一种没有这些缺陷的光，才能使光在通信领域大显身手。

1960 年，美国科学家梅曼用红宝石做材料，制成了世界上第一台激光器，发射出了激光。

激光是一种人造强光，与自然光相比具有许多的优点：它的亮度极高，比太阳光还要高 100 亿倍；方向性也极好，比最好的探照灯光还要好 1000 倍；激光的能量集中，束散很小。因此，把信息搭载到激光上，能传到很远很远的地方。科学家很快便将激光应用于空间通信，使空间通信研究大有起色。

不久，科学家发现光在空间传播会受云雾等因素的干扰，使信息的传送质量受到影响。于是科学家想到：电可以在电线中传送，那么激光可不可以在某种导体中传送呢？

此时，科学家开始注意研究光的传播规律。其实，在此之前，已经有人注意到了这个问题。

1869 年，英国科学家丁达尔发现了一个有趣的现象：像水一样透明的物质可以传送光束。他曾经做过一个实验：在一个容器的壁上钻一个小孔，然后装入大量的水，让水从小孔中流出。此时，将光射入容器内的水中。这时候，他看到射入水中的光竟随着水从小孔喷出，而且同水流一起呈弧线状落到地面，在地面上形成一个光斑。这是一个重大的发现！可在当时，它并没有引起学术界的重视。

20 世纪 30 年代，希腊的一位制造玻璃的工人意外地发现，光能毫不分散地从玻璃棒的一端传到另一端。这已经初步揭示了光在玻璃上的传播规律。可在当时，人们也没有意识到这一发现有什么重大意义。

1958 年，光的传播规律在医学领域得到应用。由 2500 根细玻璃纤维制成的内窥镜，将光引到人的胃里，使医生不用开刀，就可以看到胃里的情况。

这些已有的发现、发明无疑给科学家增添了信心。他们在此基础上，进行了更深入的研究。

1966 年，英籍华人高锟博士在有关学术刊物上发表论文，阐述了有关光纤通信的理论。文章发表后，有人叫好，更多的人则认为这是"痴人说梦"。

然而，高锟等科学家不为所动，做了更为深入的研究。经过反复实验，科学家终于研制出了一种光导纤维。它是用超石英或其他具有特殊光学性能的材料制成的细丝，比钢丝坚硬，比铜丝柔韧，可使光在其中以每秒30万公里的速度传输。

1970年，美国康宁公司研制出可用于通信的光导纤维。1976年，世界上第一条民用的光纤通信线路在美国华盛顿到亚特兰大间开通。至此，高锟终于梦想成真！

光纤通信是以光导纤维作为通道的。它通信容量极大，通信效果极好，而且成本较低。它的诞生，是人类通信技术史上的一次革命，使人类的通信水平又上了一个新台阶！

由于高锟对光纤通信作出的卓越贡献，他被人们誉为"光纤之父"。2009年，他因此获得诺贝尔物理学奖。

（刘宜学）

电话机的"美丽瘦身"

——库珀发明手机的故事

手机现已成为人们日常生活中的必需品。一部联网的智能手机不仅可用于接打电话和收发短信，更能为个人提供广阔的社交平台，还可用于移动支付、休闲娱乐、摄影录像等。它的功能越来越多，令人目不暇接。

其实，早在中国古代的文学作品中，就出现过类似手机功能的幻想。

在《西游记》中，孙大圣由花果山上的仙石化为石猴时，动静太大，惊动了天上的玉皇大帝。于是，玉帝立即命令手下二将千里眼和顺风耳打开南天门看个究竟。现在，只要打开手机，我们也能像小说中的千里眼和顺风耳一样，把远在世界各个角落的人和事"看得真""听得明"。

那么，是谁发明了手机？

人们普遍认为，能够在较广范围内使用的便携式电话终端，也就是作为一种通信工具的手机，其雏形是美国贝尔实验室和美国电报电话公司于1947年联手制造的移动电话机。它的出现在当年标志着一项革命性的通信技术的崛起。人们可以直接拨号，与携带移动电话的人通话，而以往传统的电话是与特定的地址绑定在一起的，只有在固定电话机上才能拨打或接听电话。但是，贝尔实验室和美国电报电话公司的移动电话还不是严格意义上的手机。因为它太大、太重了，谁也不愿意也不可能将这个整整12公斤重的大家伙每天背在身上到处跑。不过，工程师们可把它安装在汽车的后备箱里，因此它成了最早的车载移动通信设备。

斗转星移，随着技术的日渐完备，手机就像在蛋壳里孵化成熟的生命一样，很快就要破茧而出啦！然而，要把笨重的车载移动通信设备变成可以随身携带的手机，谈何容易！更要紧的是，"瘦身"之后，这种便于携带的通信设备移动半径更大，随之而来的问题是通话的质量受到影响，怎么办呢？

为此，美国摩托罗拉公司的工程师马丁·库珀博士日思夜想、寝食难安。

突然有一天，库珀的脑海中出现了田径场上接力赛的画面：运动员们通过交接棒完美地实现自己单枪匹马无法达到的速度……对了！如果每隔一段距离建立一个信号基站，让基站信号组成网络覆盖尽可能大的区域，这样一来，不同的信号基站之间就能像接力赛一样无缝传递信号，问题不就迎刃而解了吗？

在库珀领衔的团队的引领下，摩托罗拉公司开始建设世界上第一批移动通信基站，解决了手机研制的最后一道难题。

1973 年 4 月 13 日，全球电子通信的领导者——美国摩托罗拉公司研究与开发部负责人库珀从总部芝加哥来到纽约曼哈顿中城，准备在纽约希尔顿酒店召开新闻发布会，向全世界发布他们的发明。

发布会开始之前，站在希尔顿酒店附近的第六大道上，在记者和行人的围观下，库珀拿出世界上第一部带着天线的手持移动电话，连接上摩托罗拉的信号基站，然后接入竞争对手美国电报电话公司的有线电话网络，拨通了该公司科学家乔尔·恩格尔的电话：

"乔尔您好！我是马丁·库珀。我在用手机和您通话，这是一款真正的便携式手机！"

这次发布会获得了空前的成功。当年 7 月，库珀及其团队发明的手机还上了美国《大众科学》杂志的封面。同年 10 月，库珀和他的合作者约翰·弗兰西斯·米切尔一起为他们发明的"无线电话系统"成功申请到专利，帮助摩托罗拉公司取得了巨大的商业成就。该公司顺利获得了美国联邦通信委员会颁发的移动电话生产许可证，一举打破了美国电报电话公司在移动通信领域的垄断。库珀从此被人们誉为"手机之父"。

库珀用手持移动电话与美国电报电话公司的恩格尔通话的情景

需要说明的是，库珀发明的手机和今天人们日常使用的手机还存在比较大的差别。他当时使用的通信网络是模拟的，不是今天普遍使用的稳定高效的数字信号网络，也不可能与互联网连接。因此，摩托罗拉手机，也就是那个年代人们常说的"大哥大"，它的信号质量不稳定。更直观的差别是，第一部手机的重量尽管不到贝尔实验室的车载移动设备的十分之一，但重量仍然超过 1 公斤，长度也达到 25 厘米，人们把这个大家伙戏称为"砖头机"或者"长靴机"。其中最重的部件是电池，光一块电池就比现在的手机重至少 5 倍以上，而且需要连续充电 10 个小时才能支撑 20 分钟的通话时间。为此，库珀风趣地说："手机电池的使用时长不是问题，因为没有人能举着这么重的玩意儿长时间煲电话粥。"

然而，在发明的道路上，库珀和他的团队并没有就此止步。10 年之后，摩托罗拉公司推向市场的第四代手机重量比第一代手机轻了一半。随着安全、小型和高储能的锂离子电池的出现和完善，手机的改进步伐也日益加快。1996 年，摩托罗拉公司推出了世界上第一部翻盖手机，机身重量仅 87 克，长度仅 8 厘米，连续通话时间长达 140 分钟，理论待机时长达到 50 个小时。因此，它被人们亲切地称为"掌中宝"。

值得注意的是，在库珀发明手机之后，美国 IBM（国际商业机器公司）于 1992 年发明了智能手机。两年后，IBM 向市场推出了世界上第一款智能手机"西蒙"。除了具备传统的通信功能，这款手机可以发送传真、电子邮件和手机页面，还可以使用触控屏拨号，并搭载了日历、地址簿、计算器、计划表、记事本等应用程序，甚至将电脑的功能和手机结合起来，接入互联网之后，能显示地图、证券交易、新闻等信息，以及使用第三方服务商提供的其他应用程序。

从此，手机的研发创新一发而不可收，智能手机逐渐进入每个人的生活，给人们带来了极大的便利，彻底改变了我们的生活状态和工作模式。现在，世界上最负盛名的三大移动通信公司——苹果、三星、华为，几乎每年都发布最新款的智能手机。这令人不由自主地感慨，拥有了手机，就好像有了神话中的顺风耳和千里眼，世界尽在"掌"握之中。

（沙 莉）

一块巨大的里程碑

——阿塔纳索夫等人发明电子计算机的故事

20 世纪 30 年代，美国艾奥瓦州有一位名叫莫奇里的物理学博士，在研究物理问题的过程中，常常被大量枯燥、繁琐的计算所困扰，为此，他研制出了一台模拟计算工具——谐波分析机和一台不大的专用计算机，可这两种机器的运算速度都很慢。1940 年，电子管的诞生给莫奇里以很大的鼓舞。他相信，将电子管应用于计算装置必定会提高装置的计算速度。可是，他绞尽脑汁，也没能想出电子计算装置的设计方案。

1941 年 1 月 15 日晚，为研制工作停滞不前而苦恼至极的莫奇里，随手拿起了当天的《得梅因论坛报》，报上的一条简讯引起了他极大的兴趣：

> 艾奥瓦州立大学物理学教授约翰·阿塔纳索夫博士成功设计出电子计算机，其工作原理比其他机器更近似于人脑。据阿塔纳索夫博士说，该机器将包括 300 多只真空管，并将用于解决复杂的代数。该机器占地面积相当于一个大办公桌，完全用电学器件制成。阿塔纳索夫研制这一机器已有数年，大约再过一年即可竣工。

简讯的边上还附有一张有关电子部件的照片。

莫奇里激动地看了几遍简讯和照片。自己梦寐以求的电子计算机，原来早已有人在研制，而且即将问世，他兴奋得彻夜难眠。

第二天，莫奇里启程前往艾奥瓦州。他要登门拜访阿塔纳索夫。

善良的阿塔纳索夫热情地接待了莫奇里。他一五一十地向莫奇里介绍了自己研制电子计算机的过程，还详细说明了自己的设计方案。莫奇里聚精会神地听着阿塔纳索夫的说明，不时提些自己不理解的问题，阿塔纳索夫一一给予解答。最后，莫奇里要告辞时，阿塔纳索夫从抽屉里取出一本笔记本，将它郑重地交给莫奇里，并说道："这是我多年的心血，里面记录了有关的设计思路，对你也许会有帮助。让我们一起为人类的科学事业作贡献吧！"

莫奇里知道这一举动的分量，他用颤抖的双手接过笔记本，并向阿塔纳索夫表示深深的谢意。

"听君一席话，胜读十年书。"莫奇里觉得这一趟拜访，使他仿佛看到了一个色彩斑斓的世界。

回到当时任教的宾夕法尼亚大学莫尔电气工程学院后，莫奇里仍然沉浸在幸福之中。他仔细地对阿塔纳索夫提出的设计方案进行推敲，最终认为这确实是一个缜密而巧妙的设计方案。

1942年8月，莫奇里以阿塔纳索夫的设计方案为框架，结合自己的一些经验，写成一篇题为《高速电子管装置的使用》的论文。此文独到的见解、新颖的论点引起了莫尔电气工程学院师生的广泛兴趣。

该学院的研究生——23岁的艾克特看到这篇论文后，如饮醍醐，兴奋不已。他早就开始关注计算机研制的进展情况，认为研制过程中有几个难关很难攻克。如今，莫奇里的这篇论文把这些问题一一解决了。

艾克特拜访了莫奇里。两位年轻人相见恨晚，越谈越投机。他们决定一起研制电子计算机，将设想付诸实践。

要制造电子计算机，需要巨额的资金。当时，第二次世界大战已经爆发，美国已于1941年12月宣布参战。在战争期间，只有战争需要的东西才是最重要的。他们担心自己会遇到阿塔纳索夫那样的遭遇。阿塔纳索夫的研制资金原来由艾奥瓦州立大学农业实验站提供。在美国宣布参战后，农业实验站中断了资助，阿塔纳索夫的多年心血付诸东流。

莫奇里的运气要比阿塔纳索夫好多了。在他写出设计论文后不久，莫奇里所在单位——莫尔电气工程学院电工系，奉命同阿伯丁弹道研究实验室合作，每天为陆军提供6张火力表。这是一项工作量极大的任务。因为每提供一张统计表就要计算几百条弹道，而一个熟练的计算员，用机械计算机算一条飞行时间为 60 秒的弹道就需要 20 个小时。

莫奇里向阿伯丁军方代表格尔斯坦中尉推荐了自己的电子计算机设计方案，并陈述了电子计算机的研发与应用在军事方面的重大意义。格尔斯坦对此表现出极大兴趣，并向上级部门汇报了莫奇里的设想。

1943 年 4 月 9 日，在现代电子计算机的发展史上是具有重要历史意义的一天。这一天，在阿伯丁，一个决定电子计算机制造工作是否立即启动的决策性会议召开了。在听完格尔斯坦的简单说明后，陆军部科学顾问、著名数学家维伯伦沉思了好一阵子，然后站起身，对阿伯丁弹道研究实验室的负责人说："把经费拨给他们。"就这样，人类历史上第一台计算机的研制工作拉开了序幕。

研制小组由 200 多位专家组成。莫奇里担任总设计师，艾克特担任总工程师。整个小组有条不紊地进行着工作。

经过两年多的艰苦努力，耗资 50 万美元，研制小组终于研制出了世界上第一台电子计算机。它被命名为"电子数值积分计算机"，简称"ENIAC"（埃尼阿克）。

这台电子计算机是一个庞然大物。它占地面积达 170 平方米，重达 30 吨，在它里面装了约 1.8 万个电子管和 1500 个继电器。它每秒钟可做 5000 次加减法或 400 次乘法，比当时已有的继电器式计算机的计算速度要快 1000 倍。

1946 年 2 月 15 日，美国政府为 ENIAC 举行了隆重的揭幕典礼。在典礼上，ENIAC 进行了公开演示，赢得了如雷的掌声。

莫奇里和艾克特由此得到社会各界的赞誉。他们还获得了电子计算机的发明专利权。可有趣的是，专利权的归属问题后来还引发了一场官司。原来，阿塔纳索夫中断了电子计算机的研制工作后，仍关注着电子计算机的研发事业。ENIAC 问世后，他发现设计者的设计方案与他原来的设计方案几乎一样。不久，他从一篇报道文章中辨认出 ENIAC 的发明者之一莫奇里，就是 1941 年向他请教的那个年轻人。于是，在 20 世纪 60 年代中期，因电子计算机发明权的归属问题，莫奇里和阿塔纳索夫对簿公堂。经过马拉松式的取证工作，1973 年，美国联邦州立法院裁决，确定阿塔纳索夫是第一个电子计算机设计方案的提出者，取消莫奇里和艾克特的专利权。

从这以后，人们才明白：世界上第一台电子计算机是由阿塔纳索夫设计，由莫奇里和艾克特负责制成的。

ENIAC 的诞生具有划时代的意义，它开启了电子技术应用于计算机的新纪元。

（刘宜学）

"空壳电脑"

——罗伯茨发明个人电脑的故事

1946 年诞生的世界上第一台计算机 ENIAC（埃尼阿克），"体型"硕大，占据 6 个大房间（170 平方米），重达 30 吨。如此庞然大物，自然只能在军事和科研等重要机构使用，谁也不敢奢望拥有它。一位美国人却在 1974 年让它"瘦身"，走进寻常百姓家。

他叫爱德华·罗伯茨。

罗伯茨，1941 年出生于美国佛罗里达州迈阿密，在外婆家的农场长大。他脑子灵活，胆子大，动手能力强，还喜欢从店里买半成品，自己动手组装东西。有一次，他组装了一台大功率的发动机，装在外婆家的拖拉机上使用。看着"轰轰"作响的拖拉机，家人既高兴又担心。

罗伯茨从小就梦想当一名儿科医生，可在俄克拉何马州立大学就读期间，对电子工程技术产生了浓厚兴趣，于是转学电子工程专业。

1970 年，罗伯茨开了一家名为米兹的小公司，销售有关火箭的零部件。刚开始，公司生意平平，毕竟经营的产品太过冷门。后来，公司开发了一种高性价比的计算器，供不应求，生意兴隆。然而，好景不长，1974 年其他公司开发了性价比更高的产品，导致米兹公司产品滞销，欠下了 20 多万美元债务。

米兹公司濒临破产，怎么办？陷入窘境的罗伯茨冥思苦想。

就在这一年 4 月，英特尔公司推出新一代的 8080 芯片。当时，许多人对电脑充满了好奇和期待。罗伯茨灵机一动，想到：能不能用 8080 芯片研制一种供个人使用的电脑？经过分析，他确定这是一个好主意。他仿佛抓到一根"救命稻草",兴奋极了。

可没有钱,什么也做不成!

罗伯茨明白,此时只有银行可以让他梦想成真。于是,他找到了银行负责人。面对这位负债累累而又描绘了一番美好前景的客户,银行负责人感到两难:既怕贷出的钱打了水漂,又怕失去一次贷款赢利的机会。罗伯茨看出了银行负责人的心思,便趁热打铁,拍着胸脯说:"这次的产品每年肯定可以卖出 800 件套,30 万美元的利润绝对没问题!"银行负责人被罗伯茨的豪言壮语打动了,贷给了他 6.5 万美元。

接着,罗伯茨鼓动三寸不烂之舌,将英特尔公司 8080 芯片的单价从397 美元砍到 75 美元,然后一口气买下了 1000 个。

很快,罗伯茨就研制出了他想象中的可供个人使用的计算机,并称之为 PC(Personal Computer 的缩写,意即个人电脑)。谙于商道的罗伯茨明白,必须给这个"小宝贝"起个响亮的名字!

公司职工想了一大堆名字,没一个罗伯茨能看上的。就在这时,著名杂志《大众电子》的编辑所罗门拜访罗伯茨。所罗门对罗伯茨研制的计算机颇感兴趣,决定在 1975 年 1 月出版的《大众电子》第一期封面上报道这款小型计算机。当然,所罗门知道好产品更要有好名字,才能得到市场的认可。回到家后,所罗门还在琢磨计算机取名字的事,便随口征求小女儿的意见。

"那就叫 Altair(牛郎星)呗。"正在观看电视剧《星际迷航》的小女儿漫不经心地答道。此时电视屏幕上出现了企业号飞船飞向牛郎星的画面。

"好极了!"酷爱科幻的所罗门对这个名字很是满意。他兴奋地将这一名字告诉罗伯茨,罗伯茨听后也连声叫好。于是,世界上个人电脑的鼻祖有了一个动听的名字——Altair(阿尔塔)。

Altair 只有 256 字节内存,存储量有 4096 个记忆组。没有屏幕和键盘,人们只能运用最初级的语言——机器语言和它沟通,输入数据则靠拨动开关的方式实现。罗伯茨以 360 美元的价格,销售成套的零部件,顾客买后要自己安装。

为了在封面做报道,罗伯茨组装了一台样机,并将这台样机邮寄给所罗门。天有不测风云，这台样机竟然寄丢了！杂志付印在即，再做一台样机已不可能，所罗门和罗伯茨急得不知如何是好。

手忙脚乱之中，罗伯茨急中生智，决定唱一出空城计——做一台"空壳电脑"。于是，他找来一个金属外壳，镶上开关指示灯，这台电脑就算完工了。1975年1月，这台"空壳电脑"的照片被刊登在《大众电子》封面上，引起了广大读者的极大兴趣——谁也没见过个人电脑长什么样，再说谁也想不到壳子里是空的——人们都被封面醒目的大字深深吸引：

"世界上第一台堪与商用机媲美的个人计算机！"

购买 Altair 的订单像雪片一样飞向罗伯茨。由此，罗伯茨打了一个翻身仗。

在众多被 Altair 燃起热情的读者中，有两位年轻人热情尤其高：一位是痴迷于计算机的艾伦，另一位是还在哈佛大学读书的盖茨。这一对志趣相投的好友看到有关新闻后，便打电话给罗伯茨，说他们正在为 Altair 编写软件，并且夸下海口，保证成功。罗位茨接了电话后，不以为然，心想这大概又是两个爱吹牛的家伙。没想到，一个月后，这两位年轻人又打来电话，询问要用什么指令来连接电传打字机。"看来，他们是玩真的，而且确实挺在行。"这引起了罗伯茨的重视。

1975年4月，艾伦带着他和盖茨刚刚编写的 BASIC 语言（初学者通用符号指令代码），来到米兹公司。罗伯茨开着小货车到机场迎接艾伦。艾伦如临大考，对他们设计的软件到底行不行心里也没底，而罗伯茨心里也在嘀咕，这两个年轻人捣鼓的东西到底能不能用……

一切准备就绪，Altair 与 BASIC 程序会擦出怎样的火花？

出乎所有人的意料，在指令的一问一答中，计算机准确无误地运行了BASIC 程序！

此后，Altair 就像插上了一双翅膀，翱翔在信息世界，公司的生意蒸蒸日上。很快，艾伦加盟米兹公司，盖茨也为该公司提供技术服务。他们俩成为罗伯茨的雇员，并从米兹公司挖到了第一桶金。更重要的是，他们从 Altair 身上看到了软件开发的前景。也就在1975年4月，盖茨和艾伦成立了微软公司。多年以后，他们回忆往事，尊称罗伯茨为他们的"职业导师"。

随着计算机研发竞争的白热化，米兹公司的产品优势渐失。1978 年，"个人电脑之父"罗伯茨退出计算机界。回到家乡，他重拾少年梦想，攻读医学，在 45 岁时获得医学博士学位。有人替他惋惜，认为他错过了成为世界级大富翁的机会。然而，他并不这么想。在他看来，能为许许多多的儿童解除病痛是一件更有意义的事。

2010 年，罗伯茨病逝，享年 68 岁。他的孩子说，父亲一辈子爱折腾。他们家还有亲戚家的家具全都是罗伯茨做的；他用发光二极管为邻居家的孩子做好玩的电子玩具；他不满足手写处方，于是设计医疗记录软件……确实，罗伯茨的一生是"折腾"的一生，然而他的一生又何尝不是精彩的一生！

（刘宜学）

情深一网

——利克莱德等人创建互联网的故事

互联网的创建，非一朝一夕之事，也并不是某个人的个人所为，而是历经20多年，由一大批科学家共同协作攻关并经过不断完善而完成的。其中，贡献卓著者如利克莱德、卡恩、瑟夫、伯纳斯·李、克莱恩洛克等，都被誉为"互联网之父"。其"父"之多，是其他发明所没有的，可见其研创之难。

最早提出创建互联网想法的，并不是计算机专家，而是一位心理学家（也是人工智能专家）。这位心理学家是美国的利克莱德。利克莱德兴趣广泛，常常"不务正业"。1960年，他发表了一篇题为"人机共生"的文章。他在文章中预言："用不了多少年，人脑和电脑将密不可分。"他甚至认为，在不远的将来，"人们通过机器交流将变得比人与人、面对面的交流更加便捷。"

20世纪60年代伊始，美国国防部考虑创建一个用于资源共享的通信网。这个通信网必须设计成一个分散的指挥系统，这样即便部分指挥点被摧毁，其他分散的指挥点也能通过通信网正常工作。1962年，美国国防部高等研究计划局（ARPA）聘请利克莱德担任这一项目负责人。对电脑并不太在行的利克莱德，在半年内联络了一大批全国最优秀的电脑专家。

1966年，杰出的电脑专家拉里·罗伯茨应邀到美国国防部高等研究计划局工作，具体负责网络研制工作。罗伯茨小时候就是一个学霸，并且喜欢捣鼓实验。他制造过炸弹，组装过电视，建造过升降机……他在实验中经常受伤，上医院成为他的家常便饭。他对未知世界充满了好奇心，具有无所畏惧的探索精神。

罗伯茨知道，要保障网络的安全性，必须克服中央控制式网络的弊端。好在克莱恩洛克、巴兰等之前提出的分组交换式网络，即在不同站点间采用接力赛形式建构的信息通信网，可以保证各站点被"摧毁"后的自行修复和全网信息的不间断。

既有的研制成果和理论解决了不少的技术难题，但仍有许多难题需要解决。罗伯茨全神贯注于设计信号远距离传输方案，整天在纸板上涂涂画画。

1969 年，世界上第一个采用分组交换技术组建的网络——阿帕（美国国防部高级计划署的英文简称）网诞生了！阿帕网将加利福尼亚大学洛杉矶分校、斯坦福大学、加利福尼亚大学圣塔芭芭拉分校、犹他大学的 4 台大型计算机联结起来。因此，阿帕网被称为"互联网鼻祖"，罗伯茨被称为"阿帕网之父"。

阿帕网诞生后发展迅速，一年后，其节点（联结地点）就由 4 个发展到 15 个。

网络的运行，需要一定的管理规则。阿帕网创建之初采用网络控制协议（NCP），但这一协议存在丢包等缺陷。不解决这一问题，将严重影响阿帕网与许多电脑的兼容使用。

攻下这一难关的，是美国的卡恩和瑟夫。

卡恩是一位务实的计算机专家，尤其喜欢钻研疑难问题。他记忆力惊人，以过目不忘为朋友津津乐道。他有个"绝招"，只要看一遍写在纸张上的 100 个单词，便可将每个单词准确无误地背出。卡恩明白，通信协议问题可不像记单词那么简单，这是一个必须攻下的技术难题。20 世纪 70 年代初，卡恩放下手头的研究课题着手协议的研究。"他手头上的课题都可能做不下去了，又去折腾什么新玩意儿……"一些同行对他改变研究方向感到不可思议。卡恩对此充耳不闻，一心扑在自己的研究上。

1973 年，卡恩邀请斯坦福大学助理教授瑟夫加入了这项研究。多年前，卡恩就对这个整天西装笔挺的年轻人赞赏有加。瑟夫极具天赋，还是一名研究生的时候，就写出了阿帕网的编写和传输标准。瑟夫对科幻小说和电影情有独钟。他说："科幻作品可以给我灵感，激发我的想象力，让我知道未来有什么可能。"这位富于幻想的青年才俊，欣然接受了卡恩的邀请，一头扎进相关研究工作中。

1974 年，卡恩与瑟夫研发出 TCP/IP 协议。其中，传输控制协议（TCP）由卡恩研发，它要求用共同的标准检测网络传输中的差错，一旦发现差错就发出信号，并要求重新传输，直至所有数据被准确无误地输送到接收地。网际协议（IP）由卡恩和瑟夫共同研发，它要求每一台计算机都有自己的"网址"以便识别。以 TCP/IP 协议为基础，就可以让采用不同硬件和软件的电脑实现互联。

1983 年，美国加利福尼亚大学伯克利分校推出第一个内含 TCP/IP 协议的 UNIX 操作系统，使得该协议在社会上流行起来，从而诞生了真正的互联网。

卡恩与瑟夫开启了真正的网络时代！

为此，卡恩与瑟夫被誉为"互联网之父"。之后，他们在互联网通信技术开发领域还有诸多建树。1997 年，他们获得美国"国家技术奖"，2004 年获得图灵奖。当然，这是后话。

就在美国科学家研制阿帕网的同时，英国和法国的科学家也在研发互联网。1989 年 3 月，就在阿帕网退役的前一年，英国物理学家伯纳斯·李有感于实验室同事间的信息不能共享，向他所供职的单位——欧洲粒子物理学实验室递交了一份立项建议书。这份建议书设想采用超文本技术将实验室各个计算机连接起来，形成网络，实现信息传输、获取和更新等。建议书还说，一旦网络建成，或许可以扩展到全世界。伯纳斯·李的本行虽是物理学，但他在计算机方面的才华也十分出众。在学生时代，他就将自己家里的电视机改装成计算机。参加工作后，他利用业余时间开发软件，并乐此不疲。

"真是个好主意！"不少同事叫好。

"网络创建的想法看起来很不错，但说得不大清楚。"实验室负责人否定了伯纳斯·李的建议。

伯纳斯·李并不灰心，继续对建议书进行修改完善。2 个月后，他再一次呈递了这份建议书。

实验室负责人被伯纳斯·李的执着所感动，同意了他的建议。终于，他得到了一笔经费，添置了必要的实验器材，然后即全身心投入到网络研发工作中。

1989 年下半年，伯纳斯·李创建了万维网（World Wide Web，常缩写成 WWW 或 Web）。

第二年，伯纳斯·李在日内瓦的欧洲粒子物理学实验室里创建了世界上第一个网页浏览器。

万维网的出现，大大丰富了网络可传输的信息内容，推动了网络的迅猛发展，在全球范围内实现了大规模的网络交流。为此，伯纳斯·李赢得了无数的鲜花和掌声，2003 年他获得"大英帝国爵级司令勋章"，2004 年入选"最伟大的英国人"，2017 年获得图灵奖，等等。但伯纳斯·李谦逊低调，淡泊名利，继续埋头于他的研究。"我是非常非常幸运的人，只是在正确的地方、正确的时间做了这件事。"他说。

他放弃了万维网发明的知识产权，这意味着他放弃了一个能让他富可敌国的机会！他将自己的发明无私地奉献给全世界。

2004 年，伯纳斯·李获得首届"千禧技术奖"。这是由芬兰总统颁发的当时世界上奖金最高的技术成就奖。

"这真是喜从天降。"听到这一消息后，伯纳斯·李淡定地说，"不过，钱不会让我欣喜若狂。100 万欧元的奖金我得想想怎么花。我家在郊区，子女上学不方便。还有，妻子老抱怨说，我们的厨房该修一修了。"

（刘宜学）

 材料·化工

制陶工匠的意外收获

——古埃及人发明玻璃的故事

很久很久以前，埃及有一位名叫哈舍苏的女王，在 32 岁那年就死去了。按照古埃及的风俗，她的遗体被做成一具木乃伊，放进石棺，封藏在一个秘密山洞里。据说，随同女王下葬的有许多稀世珍宝，其中以戴在她脖子上的一串项链最为珍贵。

3000 多年之后，考古学家找到了哈舍苏女王的墓，并对它实施了挖掘。果然，考古学家在她的脖子上找到了那串项链。可出乎人们意料的是，这串项链的链珠既不是黄金，也不是宝石，而是墨绿色的玻璃！

由此可见，在古埃及时代，玻璃已经出现了。那么，玻璃是怎么诞生的呢？

据说，古罗马学者普林尼曾经记载了一则有关玻璃发明的故事。故事是这样说的：

有一艘腓尼基人的船在航行中遇到了大风暴，腓尼基人只好将船驶进一个港湾避风。过了好一阵子，海上终于风平浪静，腓尼基人上岸准备煮一点东西吃。可是，他们在四周找不到一块架锅的石头，因此感到十分沮丧。

"我们船上不是有苏打块吗？用它来垒灶架锅准行。"一个人忽然说道。

"这主意不错！"于是，大家七手八脚地从船舱里搬来了几块大的苏打块，并将它们砌成灶的样子。

第二天，腓尼基人准备启程。有一个人在收拾餐具时，忽然叫了起来："哎，炉灰中这些闪闪发光的是什么东西啊?!"

"这不是金属。"

"也不是石块。"

大家抢着看那东西。

这究竟是什么呢？普林尼认为，这是由砂粒和苏打粉烧熔而成的玻璃。

玻璃确实就是这样被发明出来的吗？到了近代，有几位科学家按普林尼所描述的方法做了一次试验，结果在灰烬中没有见到一点儿玻璃。显然，这个故事是普林尼想象的产物。

那么，玻璃究竟是怎样被发明的呢？

现在，不少人相信玻璃是古埃及人制作陶器的副产品。

有一次，一个工匠在制陶时，不小心让一个刚刚制好的泥坯沾上了一层苏打粉与砂粒的混合物。谁知这个泥坯烧好之后，格外光滑明亮。从此，工匠们就将砂粒掺上苏打粉，调成浆料涂在泥坯上（即施釉）。

有一个工匠做事十分马虎。一次，他调好浆料后，稍加搅拌就开始涂浆，结果泥坯上的浆料涂得很不均匀：有的地方涂得很厚，有的地方涂得很薄。

可陶器出炉后，他发现泥坯上浆料涂得多的地方烧制得特别漂亮。他感到不可思议："这可真奇怪。我要是只用浆料烧制，那会怎么样呢？"

于是，好奇的工匠将浆料制成一个个小球，然后放到炉里烧制。结果，这一个个浆料球变成了一个个晶莹剔透的彩球！

这就是世界上最早诞生的玻璃。

这种用火直接烧球状原浆料的制玻璃技术，制出的玻璃产量非常少，所以在当时，玻璃成为地位和财富的象征。

之后，工匠们又发明了制玻璃的新方法：将浆料装在陶罐里，然后再将陶罐放在炉灶上烧，制成液态玻璃；将液态玻璃取出塑造成形，液态玻璃就可以制成各种玻璃制品。

此后，制造玻璃都是采用陶罐熔炼法。直到19世纪中期，一个工人偶然的失误，改变了玻璃制造的工艺。

一次，一个工人因操作方法不对，将排列在熔炉四周的陶罐打破了好几个，只见大量的玻璃液流到熔炉中。

　　老板得知后气急败坏，不知所措：把炉火熄灭，处理掉玻璃液和陶罐碎片，然后再重新点火制造，这要耽搁两个月的时间；不清理一下，继续炼下去，不知会有什么结果。

　　这时，一个技术员向老板建议：继续炼下去，也许损失更少。老板权衡了一下得失，决定采纳他的意见。

　　结果，谁也没有想到，这样直接在熔炉内炼出的玻璃丝毫不比在陶罐内炼出的差。而且，直接在熔炉内炼制可以充分利用熔炉内的空间，大大降低了制造玻璃的成本。

　　从这以后，人们就直接在炉子里熔炼玻璃了，玻璃的产量也因此提高了许多。

（刘宜学）

China 与 china
——中国人发明瓷器的故事

在英语当中，"China（中国）"和"china（瓷器）"用的是同一个单词，可见中国人发明的瓷器早已蜚声世界。中国是瓷器的故乡，在外国人眼里，瓷器已然成为代表中国古代文明的标志性器物。

一般人总把"陶"和"瓷"连在一起，统称"陶瓷"，其实"陶"和"瓷"并不一样。制作陶器的原料主要是可塑性强的黏土，其成品吸水、不透明，敲上去"噗噗"作响；制作瓷器的原料是含有长石和石英的高岭土，其成品不吸水、半透明，敲上去发出"当当"的金属般的声音。而且，瓷器的质地要比陶器来得细密、坚硬。另外，陶器和瓷器的烧成温度也有区别：陶器烧成温度较低，一般不超过900℃；瓷器的烧成温度较高，一般在1000℃以上，部分瓷器须在1200℃以上的高温条件下烧制。

瓷器的诞生，经历了一个漫长的历史过程。我们的祖先经过数千年的的实践探索，积累了丰富的制陶经验。他们在熟练制陶的基础上，首先制出了半陶半瓷的器皿，然后才逐渐烧制出真正意义上的瓷器。

近年来，经过考古发掘发现的最早的瓷器是我国商周时期的青釉器。这种青釉器和一般用黏土制胎的陶器不同，采用的是高岭土，焙烧温度达1200℃以上，远比烧制陶器的温度要高。它的胎质成分、烧炼温度和宋代以后的瓷器基本一致。因此，我国瓷器的发明，从商代算起，已有3000多年的历史了。

到了三国两晋时期，瓷器制造工艺在釉质和光洁润泽度方面有了显著提高。

隋唐时期，瓷器生产进入了更加成熟的阶段。当时，白釉瓷器的烧制技术日益成熟，黑釉瓷器的烧制技术更加先进。此外，人们还利用含有不同氧化物的釉料烧制各种加彩瓷器。商品经济的繁荣与发展，人们饮茶习惯的日益普及，扩大了消费者对光洁润泽、不渗水的瓷器的需求量，也促进了瓷器生产的迅猛发展。

到了晚唐，以浙江余姚、上虞一带为主的越窑，成功烧制出胎质细腻、色泽匀润的青瓷。唐诗"九秋风露越窑开，夺得千峰翠色来"，称赞的就是越窑青瓷那流光溢彩的色泽。此外，后周的柴窑也曾烧制出许多出色的青瓷，颜色像雨后的青天，所以被誉为"雨过天青"。这种青瓷是古代珍品，人们形容它们"青如天，明如镜，薄如纸，声如磬"。

到了宋朝，瓷器的制造有了进一步的发展。当时，江西的昌南镇成了中国最大的瓷器制造中心，有专为皇帝烧制贡品的窑口，有人甚至将昌南镇出产的精美瓷器誉为"假玉器"。宋代皇帝宋真宗对昌南镇出产的瓷器情有独钟，干脆在公元1004年即景德元年，下旨将昌南镇改称景德镇。今天，景德镇已经成为闻名世界的"中国瓷都"。

特别值得一提的是宋代浙江龙泉哥窑生产的青瓷。这种青瓷的釉面上布满了碎冰似的裂纹，乍一看就像碎裂的瓷器重新拼接起来的一样，特别富于装饰意味，人称"百圾碎"。

说起哥窑的百圾碎，民间还流传着这样一个有趣的故事：

当年在浙江龙泉有一对兄弟都开窑烧制青瓷。人们分别将他们开的窑称作"哥窑"和"弟窑"。哥哥技术好，烧出的瓷器比弟弟的精美，却又不肯将烧制秘诀传授给弟弟。时间一长，弟弟心生妒忌，总想找茬儿教训一下哥哥。

一次，哥哥烧好一窑瓷器，灭了火便去睡觉休息，等待窑里的温度下降之后再将瓷器出窑。不料，趁着夜深人静，弟弟竟挑了一担冷水猛地泼到哥哥的窑里，心想：这1000℃以上高温的瓷器，突然遇到冷水不炸裂才怪呢！哼，看你这回咋办！

第二天一早，哥哥打开窑门准备出窑，眼前那些"碎裂"的瓷器让他惊呆了。可是，当拿起瓷器仔细端详后，他发现瓷胎并没有碎，仅仅是瓷器表面的釉面呈现出独特的裂纹。这样，弟弟的恶作剧无意间促成了裂纹青瓷的出现。从此，哥窑的裂纹青瓷就扬名天下了。现在，哥窑的裂纹青瓷已经成为瓷器收藏家们梦寐以求的珍品。

当然，故事归故事。科学知识告诉我们，瓷器釉面裂纹产生的主要原因是瓷胎和釉料的膨胀系数不同。瓷器在烧制过程中如果猛然从高温降至低温，上过釉的表面就会出现细小的裂纹。

唐宋时期，瓷器不仅在中国国内被普遍使用，而且通过当时的海陆两条"丝绸之路"传到了东南亚、南亚、东非、中东和地中海沿岸各国，并慢慢地传向欧洲乃至全世界。瓷器的发明和传播，极大地丰富了世界人民的物质文化生活，给人类文明史增添了辉煌的一页。

（沙　莉）

文明的载体

——中国人发明造纸术的故事

造纸术是中国古代的四大发明之一，它对人类文明进程的影响之大是难以估量的。

相传在远古的时候，人们用"结绳""堆石"等办法来记事，后来有了文字。那么，在文字出现以后，我们的祖先把文字写在哪儿呢？

在商周时代，人们把卜辞和与占卜有关的记事文字等刻写在龟甲兽骨上。这些古代文字被人们称作甲骨文。当时，还出现了刻铸在青铜器上的文字，人们称之为金文（又称钟鼎文）。显然，这种在甲骨或者青铜器上刻写、铸造文字的办法十分不便，极大地限制了文字的使用和传播。因此，在春秋末期至魏晋时代，人们又采用新的书写材料——简牍。"简"就是竹片，"牍"是木片，也统称竹木简。这种竹木片一二尺长，少则可写八九字，多则可写三四十个字。用皮条把一篇文章所刻写的竹木简串起来，就成为一"册"，或叫作"策"。这是我国历史上最早的书籍。现在我们把一本书叫作一册，就是由此而来。你看，"册"字多像几根竹木简用绳子串连起来的样子。

这种简牍比起甲骨、钟鼎来说要轻便多了，而且容易取材，真是一大进步。但是，它仍然存在翻读不便、携带困难的缺点。要写一本书或者抄一本书，往往要耗费数百根甚至数千根竹简，编成的简册体积庞大，又很笨重，出门带书得用车来载。

据说，战国时名家代表人物惠施出门游学，随身载有五车书，后人由此衍生出一个"学富五车"的成语，用来形容一个人的学识渊博。

据记载，秦始皇每天批阅的公文竹简就重达120斤（秦朝重量制）。西汉时，齐人东方朔曾写了一封信给汉武帝，用了3000多根竹简，需要两个身强力壮的武士才能将它抬起来，而汉武帝读这封信则花了足足两个月的时间。

竹简的不便之处，由此可见一斑！

和竹简差不多同时使用的另一种书写材料，叫缣帛。这是一种丝织品，轻便又光滑，书写轻松，携带方便，而且还可以在上面作画。但是，它价格昂贵，令一般的读书人望而却步，因此无法普及。当时，往往一部书就写在一卷缣帛里。

简牍嫌笨重，缣帛又太贵。于是，古人又继续探求更适宜的书写材料。随着生产和科学技术的发展，纸终于被发明出来了。

历史学家的研究结果表明：早在2000多年前西汉时期，就已经出现了用植物纤维制成的纸。这就是西汉灞桥纸，它是迄今发现的世界上最早的纸。

那么，最初的纸是怎样被制造出来的？造纸法是谁发明的呢？

东汉学者许慎在他的著作《说文解字》里曾经对"纸"字做过分析，认为纸的最早出现与丝织业有关。"纸"字的左边是"系"旁，右边是"氏"字（古时候，已婚妇女常在父姓之后系"氏"字）。这就是说，最原始的纸实际上属于丝一类的絮，这种絮很可能是丝织作坊的女工在水中漂絮时得到的。

后来，人们经过不断改进，制成了絮纸。之后在沤麻的过程中，人们又得到了由麻纤维构成的薄片，于是又发明了植物纤维纸。

由此可见，造纸术是中国古代劳动人民在生产劳动中的创造。有些书上说，纸是东汉时期的宦官蔡伦发明的，这不符合历史事实，因为早在他之前的西汉时期，纸就出现了。但是，在改进造纸工艺方面，蔡伦的贡献的确很大。

蔡伦是东汉和帝时的太监，任尚方令，专门负责监制皇宫用的器物。那时的皇宫工场中集中了一批来自全国各地的能工巧匠，其中就有一批以缫丝、沤麻为业并精通造纸技术的能手。

　　由于经常和工匠接触，工匠们的精湛技术和创造精神给了蔡伦很大的启迪。在总结前人造纸经验的基础上，蔡伦带领工匠用树皮、麻头、破布和破渔网等原料来造纸。他们先把这些原料切断或剪碎，放在水里浸泡一定时间，再捣烂成浆状（还可能经过蒸煮），然后在席子上摊成薄片，放在太阳下晒干，这样就制成了纸，这种纸被称为"蔡侯纸"。

　　用这种办法造出的纸，质地轻薄，很适合书写，再加上造纸的原料来源广泛，价钱便宜，有些还是废物利用，因此"蔡侯纸"得以大量生产，造纸术也由此逐渐传播开来。

　　纸张的大量出现，引起了全中国乃至全世界范围内的书写材料的变革，这是人类文化史上的一件大事。随着中外经济、政治、文化的交流，造纸术传到朝鲜、日本、越南、印度、阿拉伯地区、埃及乃至欧洲。纸逐渐取代埃及的纸草、印度的贝叶纸、欧洲的羊皮纸等，成为最重要的文明载体，大大加速了人类文明发展的进程。

（沙　莉）

美丽的印花布
——中国人发明印染术的故事

在很早很早以前，人类刚发明了布的时候，用来做衣服的布没有任何图案，只是起到保暖、遮羞的作用。后来，爱美的人类并不满足于此，开始在布上画各种图案。

在这方面，中国人民的发明在人类文明发展史上留下了浓墨重彩的一笔。在战国时代，受制作印章的启发，人们把图案刻在木板上，然后蘸上染料往布上盖，这是人类最早的印花法。到汉代，人们还发明了蜡染术。关于蜡染术的发明，还有一则有趣的故事。

那时，在河南嵩山脚下少林寺附近的一个小镇，住着一对父女。他们开了一个小染坊，以染布谋生。女儿名叫珍珍，心灵手巧，染出来的图案格外好看，深受当地人的喜欢。因此，小染坊的生意一直红红火火。

有一天傍晚，天色渐渐黑了，可手头的活还没有干完，珍珍和她的父亲只好点起蜡烛，继续干活。

正当珍珍把布匹展开，准备扔进染缸时，忽然，一阵风吹来，把蜡烛吹倒了。珍珍连忙关上窗户，点燃蜡烛，继续干活。

第二天，当从染缸中捞出昨夜加班染制的布时，珍珍发现一匹布上有几个白点。显然，这是昨夜蜡烛被吹倒后，烛油洒在布上形成的。这可如何是好？要知道当时布的价格不菲啊！如果赔顾客一匹布，就意味着他们白白干了半个月。珍珍急得像热锅上的蚂蚁。

后来，珍珍想出了一个补救的办法：将沾有烛油的布放在沸水里煮，将烛油煮掉，然后再将布放入染缸染一遍，这样，就可以消除掉布上的白点了。

这时，珍珍的脑海中忽然闪过一个念头："沾上烛油的地方染不上染料，那我干脆用笔蘸烛油，在布上画各种图案，然后将布放入染缸染色，待染色后再用水煮脱去烛油，脱去烛油的空白处不就形成美丽的图案了吗？"

珍珍把自己的想法告诉了父亲，得到了父亲的认可。于是，她在一小块白布上，用烛油作墨画了一朵荷花。经过处理后，布上果然出现了一朵栩栩如生的白色荷花。

就这样，蜡染工艺诞生了。

就在蜡染工艺诞生的前后，中国人民仿照印章的阴文刻制法，创造了凹版印花技术。"盖图章"式的印花技术，不必像蜡染工艺那样，一笔一笔地画图案，因此，在此后相当长的一段历史时期里得到广泛的应用。

直到18世纪初，英国的纺织业得到空前的发展。显然，纯手工操作的印花技术已经无法跟上时代的步伐。

英国一家纺织厂的工程师贝尔试图对印花技术进行改进，可均以失败告终。后来，一次意外的发现使他茅塞顿开，打开了机械印染的大门，到达了成功的彼岸。

事情的经过是这样的：

1886年秋的一天，贝尔陪老板去一家公司洽谈一笔生意。谈判结束后，贝尔与对方公司签订合同。

在签字时，贝尔用鹅毛笔蘸墨水，谁知墨水蘸得多了，竟滴在合同纸上。他连忙顺手拿起桌上的吸墨滚筒滚了两下。墨水被滚筒吸干了，贝尔又顺手将滚筒搁在一张白纸上。因白纸下面垫着一些纸张等杂物，呈凹凸不平状，滚筒在白纸上晃动了几下，留下了墨水的痕迹。

这时，贝尔忽然想到："如果把图案刻在圆形金属滚筒上，并拿它蘸上染料，然后让它在布料上不断滚动，不就把图案接连不断地印在布上了吗？"

回到厂里后，贝尔立即将这一想法付诸行动，经过反复实验，终于研制出了世界上第一台印花机器。这台机器结构并不复杂，主要部件是三个滚筒：一个刻有图案，用于印制；一个专门用于涂抹染料；还有一个专门传送布料。机器的动力由一个马达提供。

印花机器的诞生，标志着印染术从纯手工操作走上了大规模机器化生产应用的道路。

在这以后，许多专家不断地对印染机器进行改进，发明了生产性能更佳、印染效果更好的印染机。

印染工艺的不断发展，使人们的服饰更加丰富多彩，大大增强了布料等承载物的审美功能，丰富了人类的艺术表达手段。

（刘宜学）

莫干山的传说

——干将、莫邪发明炼铁法的故事

大家知道，铁是自然界中分布很广的一种金属元素，也是地壳中含量较多的一种元素。但是，在自然界中几乎不存在天然的纯铁，而铁矿石的熔点较高，不容易冶炼，因此，人类在发明炼铁法之前根本无法利用地壳里的铁，只能利用陨铁。

陨铁是从天上掉下来的。它除了含有一点点镍，其余几乎全是铁。在相当长的一段时间，人类享用苍天给予的"恩赐"，利用陨铁制造各种工具。为此，古巴比伦人把铁称为"天上来的金属"。

可是，天上掉下来的陨铁毕竟很少，根本满足不了人们的需要。于是，有人想到：能不能像炼铜那样冶炼铁？

在发明炼铁法之前，人类早就有了一套比较成熟的炼铜法。然而，因为铜的熔点比铁低，如果一成不变地采用炼铜的方法来炼铁，显然是行不通的。

失败是成功之母。不知经过多少代人的探索，人们终于突破了有关炼铁的各种技术难关，发明了固体还原炼铁法。其具体做法是：先将铁矿石和木炭一层间隔一层地放在炼炉中，然后点火焙烧，利用木炭在1000℃高温下的不完全燃烧，产生一氧化碳，使矿石中的氧化铁还原成铁。

这是人类在炼铁史上迈出的一大步！

不过，采用这种冶炼方法炼出的铁夹杂了很多渣滓，质量不理想，没有什么实用价值。

直到春秋战国时期，人们发明了一种新的炼铁方法，炼出了液态生铁。

民间流传的关于干将与莫邪的传说，形象生动地表现了当时中国劳动人民炼铁的情形。

传说在我国春秋时期，在浙江德清一座秀丽的山下，住着一对恩爱的夫妻，男主人名叫干将，女主人名叫莫邪。他们是闻名遐迩的炼铁铸剑能手，人们以拥有他们铸的剑为荣。惜剑如命的吴王阖闾召见干将和莫邪，要他们铸一对天下最好的雌雄剑。

夫妻俩不敢违命，马上召集一批人马，开采了五座山岭的铁矿石。与此同时，他们自己开始建造炼炉。一切准备好了，干将和莫邪就带领众人开始炼铁，有的人往炉里装木炭，有的人往炉里装矿石，有的人拉风箱，一派热闹非凡的劳动景象。

可是，几个月过去了，还不见铁水流出来。

"这是怎么回事呢？"莫邪问干将，"铁矿石至今还没有熔化，会不会有什么问题？"

"是啊，我也在考虑这个问题，记得先师很注意炉内的温度。"干将回答说。

于是，他们又添加了一些木炭，并加快了鼓风的速度。炉内的火焰更旺了，它们欢快地跳跃着。不一会儿，炼炉里的铁矿石熔化了，铁水倾泻而出。

夫妻俩用这刚炼出的铁铸造了两把剑。先造的那把为雄，叫"干将"；后造的那把为雌，叫"莫邪"。两把剑锋利无比，寒气逼人。

"这么好的剑应当有个好主人。把它们交给吴王这样的暴君，实在是可惜啊！"干将感叹道。

"那就拿一把剑去应付他，将另一把剑藏起来。"莫邪建议道。

"好主意！"干将说着，就把雄剑埋在地下，带上雌剑去见吴王。

吴王见干将只带一把剑来，非常恼火，立即下令把干将杀了。干将和莫邪的儿子长大后，莫邪把干将被害的经过一五一十地告诉儿子。儿子知道后怒不可遏，取出埋在地下的雄剑，杀死了吴王，报了杀父之仇。

后来，人们为了纪念干将和莫邪，就把他们炼铁所在的那座山叫作莫干山。

从这则传说中，我们可以看出当时人们炼铁所用的原料、燃料、设备、操作方法等。不过，在当时像干将、莫邪那样的能工巧匠并不多，炼出的铁也有限，优质的铁仅用于制作武器、工艺品等。

由中国古代劳动人民发明的炼铁法，使中国比欧洲早 1000 多年跨入生铁时代。

（沙　莉）

衣被天下

——黄道婆革新纺织技术的故事

今天，人们早已习惯了用机器织造的各种令人眼花缭乱的花布、窗帘、线毯、毛巾被等织物。可是，你知道在没有机器纺织的古代，人们是怎样织出这些布匹、巾被的吗？你知道我国纺织技术史上杰出的技术革新家黄道婆吗？

提起黄道婆，人们不禁会想起流传在她故乡的这首歌谣：

黄婆婆！黄婆婆！
教我纱，教我布，
两只筒子两匹布。

黄道婆是宋末元初松江府乌泥泾镇（今上海华泾镇）人。她出身贫寒，自幼就被卖给别人家做了童养媳，不仅要侍奉公婆、丈夫，而且要耕种田地、纺纱织布，稍不顺公婆和丈夫的心，就要遭受打骂。她无法忍受这种非人的虐待。

有一天，她顶着烈日在田地里干了一整天的活，回家后实在太累了，便想和衣上床休息一会儿。不料凶暴的公婆发现她没有立刻去纺纱织布，大骂她偷懒，把她毒打一阵后锁进柴草房，不给饭吃也不让睡觉。伤痕累累的她终于横下一条心，借着漆黑的夜色从柴草房的窗户逃了出去。她不停地跑啊跑啊，前面一条从未见过的大江拦住了去路，她躲进了停泊在江边的一条大海船里。

就这样，她随着这艘海船远航，来到了黎族人民聚居的海南岛崖州（今海南省三亚市）。岛上的黎族妇女以棉纺织为业，而且掌握了远比内陆地区先进的纺织技术。她们使用的纺织工具十分轻巧，操作方便，织出来的布又细腻又好看。虚心好学的黄道婆开始学习黎族姐妹的纺织技术，从事纺织劳动，靠自己勤劳的双手维持生计，逐渐掌握了各种先进的纺织技术。

转眼30多年过去了，流落异乡的黄道婆开始怀念故乡，思乡之情不断地萦绕在她心头。最后，她终于下定决心，告别了崖州这一方热土，回到了阔别已久的故乡乌泥泾。

一回到故乡，已是棉纺能手的黄道婆立刻发现了这里棉纺技术的落后：妇女们弹棉花用的是仅有0.3米左右的小型弹弓，操作起来非常辛苦，效率很低，并且用线作弦，弦很不坚韧；妇女们去棉花籽的办法更为原始，她们用手剥去棉桃中的棉籽，不仅速度慢、效率低，而且工作一久，手指就酸痛难忍。

于是，黄道婆让大家参观了自己从崖州带回来的搅车。

搅车又叫轧车，是一种专门用来轧棉籽的木制工具。它主要由两根直径不等的轴组成，其中一根是铁的，另一根是木的，各带着曲柄。轧棉籽时，将籽棉放进两轴之间，经过两轴的相互辗轧，棉籽被挤出来留在后方，棉纤维则被带到前方。这与手工去棉籽相比，工效提高了许多倍。当地妇女们看了连声叫好，纷纷请木匠仿制搅车。

针对当地妇女用小弹弓的状况，黄道婆不仅把小弹弓改为1米多长的大弹弓，用绳弦代替线弦，而且还用檀木做的椎子击弦弹棉。这种大弹弓使用起来不仅更轻松，效率更高，而且弹出来的棉花质量也更好。

在纺纱技术上，当地妇女使用的是一锭一线的手摇式纺车，效率很低，几个人同时纺纱才能供上一架织布机，织布速度因而受到很大限制。针对这种情况，黄道婆心想：能不能给纺车增加些锭和线，提高纺纱速度呢？为什么不用脚踩来代替手摇，让人腾出手来做别的事情呢？

在这种思想的指导下，经过一段时间的摸索，她终于创造了一种"三锭三线"的脚踏式纺车。这种纺车既减轻了人们的劳动强度，又提高了生产效率，纺纱产量一下提高两倍。这是当时世界上最先进的纺织工具，也是黄道婆对棉纺织业的卓越贡献。

在织布技术上，黄道婆毫无保留地向乌泥泾的妇女们传授错纱、配色、综线、挈花等技术，使较先进的黎族织布技术得到广泛传播。同时，她在一般的织机顶上加装了一个花楼。织布时，两三个人同时操作，在花楼上的人负责提经纱，在它下面的人负责织纬纱，这样就能织出美丽的提花布。

经过黄道婆的悉心传授，乌泥泾的妇女们很快掌握了这些较先进的纺织技术，她们织出的棉织品艳丽如画，上有折枝、团凤、棋盘格、字样等各种美丽的图案。黄道婆去世不久，松江一带就成为全国棉织业中心，并且久盛不衰，享有"松郡棉布，衣被天下"的盛誉。

（沙　莉）

征服"死亡元素"

——莫瓦桑制取氟的故事

"死亡元素"？多可怕的名字！但是人类不仅征服了它，还使它乖乖为人类服务。这是怎么回事？

原来，在世界化学发展史上，有一种嚣张一时的"死亡元素"，曾经夺去了好几位试图接近它的化学家的生命。这就是元素周期表中的第 9 号元素——氟。

氟是一种气体元素，呈淡黄绿色，有臭味。它的化学性质很活泼，能与氢直接化合发生爆炸，许多金属都能在氟气里燃烧。在工业生产中，含氟的塑料和橡胶性能特别好。

那么，氟怎么会被称作"死亡元素"呢？又是哪位科学勇士冒着生命危险征服了它呢？

原来，人类很早就发现了氟的化合物，并且把它们应用到工业生产当中。1529 年，德国矿物学家阿格里科拉发现了氟化钙，并且把它用作冶金助熔剂。

随着氟化物的不断发现，科学家们开始设法提取单质氟。最早给氟命名的是英国著名化学家戴维。1813 年，他试图从实验中提取氟元素，不料中毒，险些丧生，因此不得不放弃了实验。随后，比利时、法国等国家的数位科学家在提取氟的实验中，有的中毒死去，有的丧失了工作能力。这些不幸的消息，迅速传遍了国际化学界，人们感叹道："人类与氟无缘了！"有人甚至断言谁也征服不了氟。

从此，氟的提取成为化学领域中的一个禁区，人们给它加上"死亡元素"的绰号，一时间"谈氟色变"。

没想到，偏偏有人勇敢地闯进了这块禁区，成功地离析出氟，并因此荣获诺贝尔化学奖。

这位无畏的科学勇士，就是法国著名的化学家莫瓦桑。

起初，当人们听说莫瓦桑居然想征服这个"死亡元素"时，有些人佩服他的勇气和胆量，更多的人则劝他：

"化学领域中可以研究的课题很多，你何必用自己的生命来冒险呢？难道你不知道已经有好些人为它丧生了吗？"

莫瓦桑当然珍惜自己的生命，但他更热爱科学研究。他回答说：

"我知道，这项研究也许要以生命为代价，甚至付出了这个代价也得不到成功。但是，如果没有人愿意冒险，也就永远不会有成功的希望。前人所做的实验失败了，正好为我的研究提供借鉴，至少可以让我少走弯路。"

怀着献身科学的执着精神，莫瓦桑开始了从氟化物中提取单质氟的实验。

莫瓦桑想：要从氟的化合物中提取出氟元素，最好用电解的方法。为此必须首先确定用哪一种氟化合物来做实验。

所谓电解法就是通过电力的作用，把化合物分解成各组成部分。在研究前人实验的过程中，莫瓦桑发现他们曾经选用过氢氟酸、氟化汞、无水氟化钙、氟化钾等，但是都失败了。

"也许，可以用无水氟化氢试试看。"于是，莫瓦桑做了这么一个实验：在铂制的曲颈瓶中蒸馏氟氢化钾，结果制得了无水氟化氢。

为了加强电解效果，莫瓦桑往无水氟化氢里加入氟化钾，这样它的导电性就大大加强了。接下来要考虑的是，电解器的电极要用什么材料。

莫瓦桑想到，以前的化学家曾经用白金、萤石作电极，但都没成功。根据自己在实验中的摸索，莫瓦桑选择了铂铱合金作电极。

于是，莫瓦桑在白金电解器中，装上了铂铱合金电极，再用氯仿作冷却剂，配上萤石塞子。电解实验开始了，莫瓦桑不断调试温度。当温度降至 -23℃时，他看到一种淡黄绿色的气体渐渐出现，并伴随有一股臭味。

这就是曾经让多少化学家望而却步的"死亡元素"——氟。它，终于被莫瓦桑制服了。从此，氟就像一匹被套上缰绳的野马，开始服服帖帖地为人类服务了。

（沙　莉）

"劣质品"的奇效

——史密顿等人发明水泥的故事

很久以前，古罗马人在修建科洛西姆竞技场、万神庙和供水工程，古埃及人在建造金字塔，以及中国古代人民在修筑万里长城时，都用石灰作砖头或石头夹缝间的黏合剂。后来，聪明的古罗马人在建筑实践中，发明了一种新的黏合剂——灰浆。它的做法是将石灰石烧制成普通石灰（又称生石灰）之后，加入水形成黏黏的熟石灰，然后掺入沙子。这种黏液状的东西，在空气中吸收二氧化碳，变成坚固的碳酸钙，于是就把砖和碎石牢牢地黏合在一起。可以说，这种灰浆就是水泥的雏形。

1756年，一个偶然的事件使灰浆性能获得飞跃式的提高。事件的经过是这样的：

当时，英吉利海峡上英国一方的灯塔损坏了，这使海上交通几乎处于瘫痪状态，严重影响了英国的对外贸易。英国政府命令一位名叫约翰·史密顿的工程师负责灯塔的修复工作，并且要求史密顿在规定的时间内完成。

史密顿不敢怠慢，立即组织了一个工程队。他要求工程队在三天之内将焙制灰浆的原料——白色石灰岩运往灯塔附近的小岛。可史密顿到工地一看，工人们运来的竟是黑色石灰岩。当时，这种黑色石灰岩在建筑行业被认为是劣质品。

"你们怎么搞的？我跟你们说过要用白色石灰岩，建造这么高标准的灯塔怎么能用劣质品，立即换运白色石灰岩！"史密顿气急败坏地说。

可由于当时工程队内管理混乱，史密顿的命令并没有得到执行。

时间一天天过去了，眼看政府限定的竣工时间就要到了，史密顿无可奈何，只好用这些黑色石灰岩烧制。

然而，令史密顿吃惊的是：用这些黑色石灰岩烧制而成的灰浆性能非常好，远远胜过用白色石灰岩制成的。"这是为什么呢？"史密顿感到十分费解。

经过一番分析，他发现了其中的奥秘。原来，黑色石灰岩中含有6%～20%的黏土。史密顿为了证实黏土的作用，在白色石灰中掺入黏土，结果制出的灰浆的性能大为提高。

史密顿发明的灰浆已经初步具备了水泥的性能，但现代水泥的制作方法直到19世纪上半叶才真正成熟。

1813年，法国的土木技师毕加用3份石灰和1份黏土混合煅烧，生产出的水泥黏合效果不错。

1824年，英国的建筑工阿斯普丁用皮卡的配方生产水泥，并将产品碾成粉末状。这种水泥硬度高，其外观及色泽与英国波特兰岛上出产的波特兰石相似，故被称为"波特兰水泥"。阿斯普丁还在英国为其申请了专利。

几乎与阿斯普丁同时，俄国的契利耶夫也研制出类似的水泥产品。1825年，他还将他制作水泥的方法写成一本书。

在当时，水泥在欧洲各国的建筑业中应用广泛，可它的用途仍只限于黏接砖头或石头。直到19世纪中叶，法国的园艺师蒙尼亚发明了钢筋混凝土，才开辟了水泥应用的新领域，使水泥在建筑业有了更大的用武之地。

说起蒙尼亚发明钢筋混凝土，还有一段有趣的故事呢！

蒙尼亚的家在法国北部的一个小城。那里景色秀丽，鸟语花香，爱美的当地居民以园艺谋生。

蒙尼亚也种植了许多花卉。他每天忙于给花浇水、施肥、喷药。

一天，他在种植一种名贵花卉时，不慎把一个花盆打碎了。

"真是糟糕，又得破费买新花盆了。要是有一种不会破的花盆就好了。"蒙尼亚自言自语道。

"用木头做花盆就不会破了！"站在一旁帮忙的妻子回答。

"有道理。"于是，蒙尼亚买了几块大木头，并把它们加工成花盆。可经过一段时间的使用，这种木头花盆就开始腐烂了。显然，木头花盆不耐用。

蒙尼亚又考虑用别的材料制作花盆。

1868 年的一天，蒙尼亚在用水泥修补房子墙角的一个洞口时，忽然想到，用水泥制作花盆准行。于是，他又调了一些水泥浆，将其塑成花盆状。

可是，这种花盆虽然比瓦盆坚硬，但仍然容易破碎。怎么办呢?

蒙尼亚想出了一个办法：在花盆外面箍几道铁丝。为了美观，他还在铁丝外面抹上水泥，将铁丝埋在水泥中。

果然，这种水泥花盆相当坚固，蒙尼亚十分满意。后来，他干脆用粗铁线制成花盆骨架，然后在铁线骨架内外抹上水泥。这种花盆更坚固，更不容易破碎——这是世界上最早的钢筋混凝土制品了!

当时，包括蒙尼亚自己在内的许多人，并没有想到这项发明将给建筑业带来革命性的变化。直到 19 世纪后期，俄国建筑学家别列柳伯斯基在设计高楼大厦和跨河大桥时，注意到了蒙尼亚的发明，并把它用在建筑业中。

此后，水泥的应用越来越广，在建筑业中扮演着不可或缺的角色。

（刘宜学）

铝质勋章
——维勒发明制铝法的故事

人们大多只知道有金牌、银牌和铜牌，很少听说过铝质勋章。19 世纪中期，一枚特殊的铝质勋章诞生了。这是怎么回事呢？

原来，为了纪念德国化学家弗里德里希·维勒发明制铝法，人们用 1855 年法国巴黎博览会上展出的第一块工业铝锭制作了一枚勋章，勋章的一面铸有维勒的名字和他发明制铝法的年代——1827 年。这枚铝质勋章一点也不比金牌逊色，它代表着世人对这位杰出科学家最高的奖赏和崇高的敬意。

1800 年，弗里德里希·维勒出生于德国。维勒生来就特别喜爱收集和研究矿物，爱做化学实验。有一回，他偶然在父亲的书房里找到了一本旧的化学书，从那以后就一直爱不释手。他把自己的房间变成了实验室。每天，他的屋里都会出现新的仪器和化学药品。谁也不知道这个求知欲很强的孩子，到底是用什么办法从什么地方弄到这些东西的。小维勒热衷于做各种实验，并深深地陶醉其中。他曾点燃一小块硫磺，却丝毫不顾忌它产生的气体有令人窒息的危险，兴高采烈地欣赏起那蓝紫色的火焰来。

小维勒知道父亲的朋友布赫医生知识渊博，而且藏书不少。一次，他独自一人来到布赫医生家里。

布赫医生和善慈祥，他将小维勒引进了书房。宽敞的书房里，靠墙摆放的书架高至天花板，走廊里也摆满了书柜。小维勒从来没有看到过这么多书！他就像《天方夜谭》中的阿里巴巴发现了无尽宝藏，简直不敢相信自己的眼睛。

从此以后，小维勒便经常上布赫医生家看书。渐渐地，这位上进的少年和博学的布赫医生结成了忘年交。

拉瓦锡、克拉普罗特、贝托雷等人编写的化学教科书，柏林、伦敦、斯德哥尔摩科学院的期刊……小维勒就像海绵吸水一样孜孜不倦地阅读这些书刊，并不时地向布赫医生请教疑难问题。布赫医生是个循循善诱的长者，经常启发、教育小维勒要想成为科学家，必须具备足够的知识。就这样，随着岁月的流逝，在少年维勒的头脑中，知识的大厦正拔地而起……

1823 年的冬天，维勒来到了斯德哥尔摩，在卓越的瑞典科学家贝采利乌斯的私人实验室里工作。当时，贝采利乌斯正处于创造力的鼎盛时期，新的发现层出不穷。他的出色成就得益于他的丰富知识和卓越的实验技巧，而这正是多年来维勒向往和追求的。在协助贝采利乌斯研究氟、硅、硼化合物的过程中，维勒掌握了许多分析和制取各种元素的新方法。

后来，维勒又来到了柏林，当上了工艺学校的化学老师。化学老师年薪不高，住宅也不宽敞，但最重要的是，他终于有了属于自己的实验室！这对他来说，是天大的喜事。

当时，学术界都在试图攻克铝提取的难关，维勒也加入了这一队伍。他在进行实验的同时，也十分注意化学界的研究动态。

维勒在丹麦出版的一本化学杂志上，看到丹麦科学家奥斯特发表的论文。文中介绍了他利用铝汞齐蒸馏提取铝的方法。看到这篇论文，维勒仿佛在茫茫的海洋中航行看见了一盏航灯。他迫不及待地来到丹麦哥本哈根，想当面向奥斯特了解实验情况。

"啊，年轻人，欢迎你来丹麦。"奥斯特听了维勒的自我介绍后，向他说明了自己的研究过程，"如果你愿意，我可以把我多年积累的资料送给你。"

"我太需要这些资料了，不知道该怎么感谢您。"

"不用谢，一切的科学发明都是为了全人类的进步！"

从丹麦回到德国后，维勒便按奥斯特介绍的方法进行试验，很快就提取到了铝。

发明的成果要转化为生产力才有意义。可是采用这种方法提炼铝，铝汞齐蒸发时产生的蒸气有毒。显然，这条路是走不通的，维勒决定另辟蹊径。

"山重水复疑无路，柳暗花明又一村。"终于在1845年，维勒采用一个新的方法提炼出了铝。他在给他的朋友、德国著名化学家李比希的信中写道：

> 我找到了一个制取铝的方法，制得别针头那么大的铝颗粒。这种金属容易弯曲，呈白色，易溶于碱，特别易溶于盐酸。

虽然维勒的炼铝法当时还无法在生产中得到广泛应用，但是，从此人们看到了大规模炼铝的希望。由于这一突出贡献，1872年伦敦皇家学会奖给维勒一枚科普利奖章。

（刘宜学）

废品堆里拣出的"宝贝"

——布诺雷发明不锈钢的故事

1914 年，第一次世界大战爆发，英国、法国与德国展开了激烈的战斗。在战场上，英国士兵使用的步枪，常因炼钢技术差、容易磨损而被运回后方修理。这些报修的枪支修理起来很麻烦，要花大量的时间，跟造一支新枪所花的时间差不多，扔掉又舍不得，如鸡肋般"食之无味，弃之可惜"。况且，从前线运回坏枪，费用很高，还会影响战斗。因此，英国政府决定重新研制耐磨损的新枪膛，并把这个任务交给英国著名的金属专家哈里·布诺雷。

布诺雷接受任务后，立即组织研究小组，着手合成钢的研制工作。金属材料的冶炼、合成是一项艰苦的工作。为了尽快完成任务，布诺雷夜以继日地进行研制。他往钢中加入各种各样的化学元素，以期制成一种耐磨的合成钢。为了鉴定合成钢的性能，他还要在各种不同性质的机械上做性能试验，然后选择较为适用的钢材制成枪支，并送往靶场做实弹射击试验。

很长一段时间过去了，布诺雷的研制工作没有取得实质性的进展。实验室内摆满了各种钢材，像钢铁展览会一样。房间角落里的废品堆得老高，像一座小山似的。

为什么研制工作没能取得成绩呢？布诺雷苦苦思索这一问题。是试验的手段有问题吗？布诺雷否定了自己提出的问题。

经过对试验方案的重新审核、梳理，布诺雷的信心更大了。"不，不能说试验没取得成绩，试验的成绩就是确认了许多种合成钢不能作为制造枪支的材料。"他仿佛在自我安慰。

布诺雷决定重整旗鼓，展开新一轮的研制。

他动员大家先搞一次环境卫生，清理一下实验室。在他的号召下，研究小组的人员都行动起来了。

首先要把那堆废品处理掉。人多力量大，大家你一块、我一块地将锈迹斑斑的废品往外搬。不一会儿，废品垒成的小山就被削下了一大截。

忽然，一位研究人员叫了起来："奇怪，为什么这块合成钢银闪闪、亮晶晶的，一点也不生锈呢？"

"我来看看。"布诺雷闻声跑了过来。

"确实很奇怪，为什么它'一枝独秀'呢？"布诺雷好像在问自己，也好像在问大家。

"查查它的'户口'。"布诺雷说道。

于是，他们搬出一大摞试验记录册，费了好大的劲，才弄清了这块合金的成分。原来，它是铬合金。因它的硬度不高，容易被磨损，因此，在选择枪支材料时，布诺雷把它淘汰了。

接着，布诺雷把它分别放入酸、碱、盐溶液中浸泡，结果表明：它不怕酸、不怕碱、不怕盐，耐腐蚀能力相当强。

为了慎重起见，布诺雷又制成了一块铬合金，并重新检验了它的耐磨损性能及耐腐蚀性能，最终得出了相同的结论。

"不耐磨，不能用来制枪支；耐腐蚀，可不可以用来做点别的什么东西？也算物尽其用吧。"布诺雷的助手建议道。

"是的，可以用来……对了，用来做餐具最合适。"布诺雷想起了自己家里那套没用多久就生锈的刀叉。

不过，枪支材料的研究还得进行，这是首要工作，不能放松。于是，布诺雷在忙碌的研究工作之余，利用别人喝咖啡和睡觉的时间，将铬合金材料加工成一把水果刀。

这是世界上第一件不锈钢产品！

大家用这把刀削水果，都觉得好用。经过一段时间的使用后，这把刀依然像新的一样，锃亮锃亮的。接着，布诺雷又试制了不锈钢叉、不锈钢勺等，均受到人们的欢迎。

与此同时，布诺雷也找到了合适的合金钢，成功地制出了耐磨损的新枪支。为此，人们称赞布诺雷是"正品与废品均可用，正业与副业双丰收"。

　　后来，科学家们发现除了可在合金钢中放入 12% 或更多的铬制成铬不锈钢，还可在合金钢中放入少量的镍、钼、铜、锰等，这样不锈钢的抗锈能力更强。

（刘宜学）

从征求乒乓球开始

——海厄特等人发明塑料的故事

乒乓球运动在发展初期，所使用的球是外面包有毛线的橡皮球，后来又出现了象牙球、橡胶空心球等。这些球总存在着这样或那样的问题，美国制造商费伦和卡兰德决定投资乒乓球制造业，制造一种更理想的乒乓球。

1863 年，费伦和卡兰德在各大报纸上刊登巨幅广告，悬赏 1 万美金，征求更好的乒乓球。这一消息轰动了整个美国，许多人摩拳擦掌，跃跃欲试。

纽约一家印刷厂的工人 J. W. 海厄特也被这巨额奖金吸引住了，他试了好几种方法制作乒乓球，却都没能获得理想的效果。

他决定暂时不急于动手，先看一些有关学科的发展动态以开阔视野。

一次，他从一册最新的化学期刊上了解到，有人发明了一种特殊的棉花。这种棉花是将普通棉花浸在浓硫酸和浓硝酸的混合液中形成的。从外表看起来，它与普通棉花并无二致，但它们的"性情"大不相同。海厄特想：可不可以用这种特殊棉花制作乒乓球呢？

经过试验，海厄特发现这种特殊棉花能溶解于酒精，但得到的溶液太稀薄。他想：要利用这种溶液制作乒乓球，溶液中必须再添加别的物质。

一天，海厄特将樟脑放入溶液中，一边搅拌，一边摇晃。渐渐地，溶液变得黏稠，最后变成一团白色的柔软物质。他将它搓成一个乒乓球的样子。过了一会儿，海厄特用手摸摸它，发现它已经变硬了；往地上一拍，"啪"的一声，乒乓球弹得很高。

海厄特终于成功了！

接着，他又制作了几个乒乓球，结果一个比一个好。

1869 年，海厄特拿着自己发明的新型乒乓球，去找费伦和卡兰德领赏。由于多年未能征得好的乒乓球，此时费伦和卡兰德已改行做其他生意了。但他们看到这个雪白乒乓球的性能如此之好，还是欣然付给海厄特 1 万美金，买下这项发明专利。

由于这种乒乓球的材料来源于棉花的纤维素，因此，费伦和卡兰德称它为"赛璐珞"，意即"来自纤维素的塑料"。赛璐珞就是人类有史以来发明的第一种合成塑料。

赛璐珞问世之后，还被制作成照相底片、眼镜架等，深受人们的欢迎，由此也吸引了一大群科学家致力于塑料的研究，拉开了塑料大发明的序幕。

德国化学家鲍曼也深深地被塑料的魅力所吸引，决心要发明更实用的塑料，然而实验并没有取得什么进展。不料，一个意外的事件给他带来了很大的希望。

1872 年的一天，鲍曼外出回来，发现自己家的门锁被撬。他意识到家里遭窃了。经检查，前面 5 个房间的书籍及生活用品都在，只是第 6 个房间办公桌上的一只装有氯乙烯的玻璃瓶失窃。为了提取这只瓶子里的物质，鲍曼不知花费了多少心血，所以他感到无比心痛。于是，他立即向警察局报案。

三天之后，警察局就破了案，抓到了小偷，那只玻璃瓶也被交还给鲍曼。鲍曼接过瓶子后，迫不及待地观察瓶子。令他惊奇的是，瓶内的氯乙烯气体不见了，只剩下一些白色粉末粘在瓶壁上。他连忙对白色粉末进行鉴定，结果发现它们是氯乙烯的聚合体——聚氯乙烯。

"这是怎么回事？氯乙烯怎么变成了聚氯乙烯呢？"鲍曼百思不得其解。

于是，他只好上警察局找小偷了解情况。小偷告诉他，自己在偷窃时，慌忙之中，以为这只玻璃瓶里装的是什么值钱的东西，就将它塞在包里拿走了。到家后，他取出瓶子来认真一看，里面并没有装什么东西，于是就把它扔在阳台上。由此，鲍曼推测，聚氯乙烯的形成可能是阳光照射起了作用。

于是，他又重新制取氯乙烯装在玻璃瓶中，再将它放在阳光下晒。果然，氯乙烯很快变成了聚氯乙烯。

鲍曼激动万分，仿佛看到了成功的希望。然而，他又碰到了一个难题：聚氯乙烯粉末很坚硬，难以加工处理。他几乎试了所有能想到的方法，仍不能解决问题。为此，他耗尽精力，以致失去了信心。

37年之后，美国化学家贝克兰发明了酚醛塑料，使一些化学家又想起鲍曼失窃带来的意外收获。他们又重新开始寻找聚氯乙烯的加工处理方法，但仍未能如愿以偿。

直至1920年，美国瓦克尔公司的一位工程师终于攻克了这一难题。他制出了一种含有醋酸乙烯酯的聚氯乙烯，这种物质在较低温度下可以被加工处理。因此，在当时它被用来制作各种用品。

至此，一种新的塑料又诞生了！

此后，塑料家族中又添加了许多新成员。例如，1933年英国帝国化学工业公司（ICI）在一次实验中偶然发现了聚乙烯，1938年美国的普伦基特发明了聚四氟乙烯，等等。

（刘宜学）

"中国人也能办到"

——侯德榜发明联合制碱法的故事

作为一种重要的工业原料，纯碱在冶金、石油、化工、医药制造等工业生产中起着重要的作用。我们日常生活中使用的肥皂、纸张、花布、玻璃、药品等，其制作都离不开纯碱。纯碱不仅在工业上有着广泛的用途，而且可供食用，比如蒸馒头就少不了纯碱。

可是，在 20 世纪 20 年代之前，全球的碱生产都被英国的卜内门公司所垄断，因而纯碱的价格也由他们任意规定。这给当时的中国以及世界其他国家的工业发展造成极大障碍。不久，英国在世界制碱业独霸天下的格局被打破，挑战者是中国著名的化学家、"联合制碱法"的发明者侯德榜。

侯德榜是福建闽侯人，1890 年出生在一个农民家庭。在开药铺的姑妈的资助下，他进入福州英华书院求学，随后考上清华留美预备学堂。1913 年，侯德榜以 10 门课程获总分 1000 分的优异成绩被选送到美国留学，专攻化学。

留美期间，侯德榜在纽约认识了专程从天津来到美国考察化学工业的陈调甫。在一番考察之后，陈调甫感慨万分地说：

"中国的化学工业很需要碱，但我们还没有掌握制碱技术，现在只能眼看着别人卡我们的脖子。你是念化工的，应该朝这个方向多做些努力。我坚信中国的民族工业扬眉吐气的日子一定会到来的。"

陈调甫的这番话使侯德榜深受触动，他暗暗地立下誓言，一定要掌握制碱技术，造福祖国人民。

联合制碱法发明者侯德榜

八年寒窗，侯德榜先后就读于美国麻省理工学院、纽约市普拉特专科学院，最终于 1921 年获得了哥伦比亚大学博士学位。他牢记自己的誓言，放弃了国外优厚的待遇回到祖国，来到天津碱厂担任总工程师。

经过三年的不懈努力，天津碱厂终于生产出纯净洁白、质地优异的纯碱，且日产量高达 180 吨。1925 年，中国生产的"红三角"牌优质纯碱在美国费城万国博览会上夺得金质奖章，中国的民族化学工业终于扬眉吐气了。

1933 年，侯德榜又在纽约出版了《纯碱制造》一书，轰动了世界化学工业界。从此，制碱技术被英国垄断的局面被彻底打破。与此同时，他不断地总结制碱经验，努力改进制碱技术。

1938 年，侯德榜获悉德国新发明了一种制碱法，可以使原料利用率高达 92%～95%，他立即同碱厂总经理范旭东一同前往柏林考察，并做好购买这项专利的准备。

可是，令他们深感失望和气愤的是，这些趾高气扬的德国人瞧不起黄皮肤的中国人，不准他们到制碱现场参观，而且漫天要价，甚至还提出产品不得在中国东三省出售的苛刻条件。

面对讥笑、冷遇和欺侮，他们愤然离开了德国。侯德榜气愤地说：

"外国人能办到的，我们黄皮肤的中国人也一定能够办到，而且一定会比他们办得更好！"

一回到祖国，侯德榜就像拧紧了发条的时钟一样，一刻不停地转了起来。他决心闯出一条制碱的新路来。为此，他建立了制碱实验室，进行了500 多次循环实验，分析了 2000 多种样品。皇天不负苦心人，1939 年侯德榜终于确定了新的制缄工艺流程，发明了"侯氏制碱法"。他首次提出了联合制碱的新方法，即把氨碱法和合成氨法联合起来，将原先的废液和废气都加以回收利用，同时制取出纯碱和化肥氯化铵。

侯德榜发明的这种联合制碱法，可以使原料利用率高达 98% 以上，而且具有循环生产的特点，对纯碱和氮肥工业的发展作出了巨大贡献。

"侯氏制碱法"的发明，是世界制碱工业史上的一块里程碑。

（沙　莉）

毫末之微天地大

——费曼等人发明纳米技术的故事

1979 年，英国科幻作家克拉克在科幻小说《天堂的喷泉》一书中描写说，从人造地球同步卫星上放下梯子，人们就可以通过梯子运送货物，也可以在天空观光。

这是多么大胆而又浪漫的想法啊！

其实，早在 1895 年，"俄罗斯航天之父"——科学家齐奥尔科夫斯基就提出了太空梯子的设想。

太空天梯真造得出来吗？克拉克的小说勾起了人们的好奇心，人们纷纷询问他："什么时候才会真的有太空天梯呀？"

"别急。太空天梯的出现要在大家停止嘲笑 50 年后。"克拉克一本正经地回答。

1999 年，美国宇航局马歇尔中心发表了《天梯：太空的先进基础设施》一文，太空天梯的研制已排上科学家的日程。6 年后的 2005 年，美国宇航局正式宣布太空天梯已成为世纪挑战的首选项目。

2012 年，日本的大林组公司宣布预计在 2050 年造出天梯。这个天梯不用燃料，节能便捷，能将乘客带到 3.6 万公里外的高空太空舱，而天梯的总建造高度将达到 9.6 万公里。

…………

看来，克拉克的预言也并不完全是戏言，科学家正在付诸行动。而太空天梯的建造，有赖于一项高新技术——纳米技术的发展。只有抗拉强度比钢铁高出 100 倍的纳米材料，才能作为太空天梯的材料。

如此神奇的纳米技术究竟是怎么一回事呢？

我们先来看看什么是"纳米"。纳米是一个长度单位，不过，它非常非常小，1 纳米只有 1 米的十亿分之一，1 根头发丝的直径约为 8 万纳米。

我们知道，所有的物质都是由许许多多的分子和原子组成的。如果将普通物质里众多的分子或原子隔离开，由少量的几个或几十个分子或原子组成一个小颗粒，再用小颗粒组成物质，那么这种物质的性能就会发生奇妙的变化，或许变得不导热，或许变得不导电，或许变得特别硬……由于小颗粒组成的物质的长度不过几纳米到 100 纳米，因此研究这一物质的性能和应用的技术就叫纳米技术。也可以这么说，纳米技术是通过改变原子的连接方式，从分子、原子层面操控物质性能的技术。

纳米技术的概念滥觞于著名物理学家、诺贝尔奖获得者费曼在 1959 年所做的一次演讲。在这次题为"毫末之微天地大"的演讲中，费曼提出：如果人类能够在原子、分子的尺度上来加工材料、制作装置，将有许多激动人心的新发现！为什么我们不可以从另外一个角度出发，对单个的分子甚至原子进行组装，以达到我们对物质性能的要求？他还说："至少在我看来，一个原子一个原子地来制造物品，从物理学角度看是完全可能的。"

尽管费曼的演讲并没有提到"纳米"二字，但他已经粗略勾勒出纳米技术的原理，指明了纳米技术的研究方向。

20 世纪 70 年代，日本科学家开始研究纳米技术。他们在研究超微粒子时意外发现，一个导电导热的金属导体以纳米尺度进行微操作后，就"摇身一变"，变得既不导电也不导热。1974 年，日本科学家谷口纪男首次使用"纳米技术"一词描述精密机械加工。

工欲善其事，必先利其器。1981 年，科学家发明了扫描隧道显微镜；1986 年，原子力显微镜诞生。这使人们的视野扩展到了分子、原子世界，纳米技术的研究如虎添翼，得到快速发展。

1990 年，国际商业机器公司（IBM）成功对单个原子进行了重排。他们使用一种称为扫描探针的设备，将 35 个氙原子一个个移动到各自的位置上，拼成了"IBM"三个字母。这表明，人类操控单个原子的想法完全可行。这是一项关键的技术突破，标志着纳米技术正式诞生！同年，第一届国际纳米科学技术会议在美国巴尔的摩召开，昭示着纳米时代已经到来！

此后，纳米技术的发展更为迅猛，成果迭出：

1991 年，日本科学家发现了碳纳米管。它的直径只有 1 纳米，它的质量是相同体积的钢的五分之一，强度却是钢的 100 倍。用它织结成的直径 1 毫米的细丝就能吊起 20 吨重的物体。

1999 年，巴西和美国科学家发明了世界上最小的"秤"，它能够称量十亿分之一克的物体，仅仅相当于一个病毒的重量。

进入 21 世纪，纳米技术得到各国政府的高度重视。2000 年，美国政府正式发布了"国家纳米技术计划"，作出了发展纳米科技的战略部署。随后，其他国家也加快了推进纳米技术研究的步伐，中国、日本、德国、韩国、俄罗斯等国家也纷纷制定了各自的纳米技术发展计划。

纳米技术已经成为新世纪的"宠儿"。科学家将纳米技术与信息科技、基因科技并称为"21 世纪高科技三剑客"。在新世纪，纳米技术在诸多领域"开花结果"，展现出令人惊艳的应用前景。

在医学领域，纳米技术为疾病的治疗提供了新的途径。科学家相继研发出各种具有特定癌症治疗功能的纳米机器人，如能自动找到肿瘤，控制其代谢，从而有效抑制肿瘤转移的基因纳米机器人。借助纳米载体，药物可以通过人为操控直接到达病灶区。目前已有多种针对癌症的纳米药物面市。

在能源领域，纳米技术为绿色清洁能源生产提供了新的路径。纳米材料克服了传统锂电池充电慢等弊端，给锂电池的发展带来了新机遇。纳米材料能大幅降低超级电容器重量，提升充电速度。由碳纳米管制作的超级电容器，其充放电速度是传统电池的 1000 倍，能够在短短数秒中完成汽车充电，其寿命可高达 100 万个充电周期。

值得一提的是，现在中国在纳米技术研究方面已处于世界前列，部分领域处于世界领先水平。2015 年，由上海交通大学胡志宇团队研制的世界首个"纳米芯片发电厂"，其厚度仅为头发丝的百分之一，可避免传统燃烧 80% 以上的热能损失，且不会产生污染物；2018 年，国家纳米科学中心聂广军等研制出的纳米机器人，可在肿瘤位点释放凝血酶，激活其凝血功能，诱导肿瘤血管栓塞和肿瘤组织坏死……

在这个高科技的竞技场上，中国科学家正昂首挺胸，笃定前行。

（刘宜学）

 弹药·武器

炼丹方士的意外收获

——中国人发明火药的故事

每逢喜庆节日，人们都会放爆竹、燃焰火以示庆祝。噼啪作响的爆竹和绚烂夺目的焰火带来了浓郁的节日气氛。那么，爆竹和焰火是用什么东西做成的呢？

它们都是由火药做成的。

值得注意的是，火药不仅仅可以做爆竹、焰火，还有更大的用处。我们制造枪弹和炸弹保卫家园、开山筑路、挖矿修渠，都离不开火药。

火药是古代中国人民的伟大发明，有趣的是，它竟最先出现在炼丹方士的炼丹炉中。

在战国到西汉这一时期，有些人幻想长生不老，有些人贪求金银财宝，于是有人把冶金技术应用到炼制矿物药方面，梦想炼成仙丹，或炼出更多的金银。这样，中国古代的炼丹术就产生了。与此同时，炼丹家也出现了。这些炼丹家，当时被称作"方士"。

毫无疑问，长生不老是不可能的，仙丹也无法炼成。但是，在长年的炼丹实践中，一件改变世界历史进程的发明渐渐萌芽了。在炼丹过程中，方士们逐步认识到硫磺的可燃性以及硝石的化金石功能，并不断积累了有关这些原料性能的知识，为火药的发明奠定了基础。

1300多年前，唐朝著名药学家孙思邈也炼过丹，他写了一部叫《丹经》的书，书里面提到一种"内伏硫磺法"，说是将硫磺、硝石的粉末放在锅里，然后再加入点着火的皂角子，就会产生焰火。这是迄今为止所发现的最早的一个有文字记载的火药配方，说明中国至迟在唐朝就已经发明了火药。

经过一次又一次的冒险实验，终于有人找到了配制火药的恰当比例。按正确比例把硝石、硫磺和木炭这三种东西混合在一起，就能配制成黑色粉末状的火药。

后来，火药被应用到军事领域，成为具有巨大威力的新型武器，并引起了军事科技的重大变革。

大约在10世纪初的唐朝末年，天下大乱，军阀割据，战争频繁，火药开始在战争中使用。据史书记载，唐哀帝时期（904—907），有个叫郑璠的人去攻打豫章（今江西南昌）。他命令士兵"发机飞火"，把豫章的龙沙门烧了，自己则带领一些人突击登城，浑身也被烧伤。这里的"飞火"就是火炮。原来，古代军队打仗，距离近了用刀枪，远了用弓箭，后来还用抛石机，把大石球抛出去，打击距离较远的敌人。这抛石机就是最初的炮。

军事家使用火药之后，又利用抛石机来发射火药。郑璠用的火炮，就是将火药装在抛石机上，用火点着向敌人抛过去的，因此史书上称之为"发机飞火"。这种火炮，可以说是最早用火药制造的燃烧性武器。使用这种武器的目的，就是通过远距离抛掷实现焚烧打击。从史书记载看，其燃烧的威力还是相当大的。

不过，初期的火药武器爆炸性能不佳，主要是用于纵火。随着火药制造工艺的改进，火药的爆炸性能不断增强，新型的火器亦不断出现。

1232年，蒙古军队攻打金朝的首都南京（今河南开封）时，金兵曾使用一种叫"震天雷"的武器，爆炸力巨大。在13世纪的南宋时期，新式的管形火器也出现了。它的出现，表明人类已在更高的层次上了解了火药的性能，能够更加有效地控制和操纵烈性火药。到了宋末元初，管形火器已先后用铜和铁铸造，大型的叫火铳，小型的叫手铳，已经具备了近代枪炮的雏形。

后来，火药及火药武器随着海上中外交往和陆上蒙古军队的西征，依次传入伊朗、阿拉伯国家和欧洲，成为欧洲文艺复兴时期资产阶级攻破封建领主城堡的有力武器，从而加快了人类历史发展的进程。

（沙　莉）

挑战太空的先驱
——中国人发明火箭的故事

今天，地球上的人类不再像他们的祖先那样"足不出户"，而是开始了航天探索的伟大创举。随着人造卫星的成功上天，载人航天飞机已将人类带到了神秘莫测的外层空间。更让人激动的是，宇航员带着人类的期盼，走出了宇宙飞船，潇洒地在太空漫步。他们登上了月球，将足迹留在了那皎洁宁静的月亮上。

这一切成就都离不开火箭。火箭的发明和改进，是人类空间技术发展史上的一件大事，它赋予了人类挣脱地球引力的力量，让人类将目光投向茫茫太空，让世界迎来了太空时代。

可是，你知道吗，从发射原理这一角度来说，火箭是中国古代继火药之后向世界贡献的另一项发明。

我国最初发明的用火药做的火箭，是靠人力用弓发射出去的箭。从字面意义上说，这是真正的火"箭"。

后来，人们又发明了直接利用火药的力量来推进的火箭。这种火箭的发射、推进原理和现代火箭的点火、推进原理相同。箭上有一个纸筒，里面装满火药，纸筒的尾部有一根引火线。引火线点着以后，火药就燃烧起来，产生一股猛烈的气流，气流从尾部向后喷射。利用喷射气流的反作用力，火箭就能飞快地前进。

这种和现代火箭发射原理相似的由气流喷射推进的火箭，可能在宋朝时候就已经发明了。

到了明朝的时候，有人为了使火箭发挥更大的威力，把几十支火箭装在一个大筒里，把各支火箭的药线都连到一根总线上。点火的时候，先把总线点着，火焰传到各支火箭上，就能使几十支火箭一齐发射出去，威力很大。

值得一提的是，在明朝初年，有人根据火箭和风筝的原理，制造出"震天雷炮"和"神火飞鸦"，它们是现代导弹的雏形。

装有翅膀的"震天雷炮"，在攻城的时候威力无穷。只要顺风点着引火线，震天雷炮就会一直飞入城内，等引火线烧完，火药就会爆炸。

"神火飞鸦"是用竹篾扎成的"乌鸦"，内部装满火药，发射以后能飞三四百米才落地。就在这时候，装在"乌鸦"背上跟点火装置相连的药线也被点燃，引起了"乌鸦"内部的火药爆炸，一时烈火熊熊，在陆地上可以烧敌人的军营，在水面上可以烧敌人的船只。

难能可贵的是，由于火药使用技术的不断进步，我们的祖先还发明了原始的两级火箭和可回收式火箭。

据明朝茅元仪《武备志》一书记载，当时有一种名叫"火龙出水"的火箭。这种火箭将一根 1.7 米左右长的大竹筒做成一条"龙"，"龙"身前后各扎两支大火箭，用来推动"龙"身飞行，这是第一级火箭。在"龙"腹里，也装几支火箭，这是第二级火箭。发射时，先点燃第一级火箭，待"龙"飞到两三里远时，引火线又烧着装在"龙"腹里的第二级火箭，火箭就从"龙"口中直飞出去，焚烧敌人。

可回收式火箭可以说是明代水平最高的火箭，它发射出去之后还能再飞回来。这种火箭叫作"飞空砂筒"。把装上炸药和细砂的小筒子连在竹竿的一端，再将两个点火装置一正一反地绑在竹竿上。点燃正向绑着的点火装置，整个火箭就会飞走，飞行到敌人的上空时，引火线点着炸药，小筒子就落下爆炸；同时，反向绑着的点火装置也启动，使火箭飞回原来的地方。

现代的火箭发射技术大都采用多级点火装置，这无疑得益于中国古代火箭推进原理的启发。而现代的返回式卫星的发射与降落，其最初的设计灵感也来自于能飞去飞回的"飞空砂筒"。

可以毫不夸张地说，中国人是挑战太空的先驱。古人在火箭发射技术方面的卓越成就，在一定的意义上给当代航天技术的研发以启迪。

　　这里还有一个生动的故事，体现了中国人挑战太空的智慧和勇气。故事发生在 14 世纪末。有一个官至万户的官吏，曾经在一把椅子后面装了 47 支大火箭。他坐在椅子上，双手抓着两个大风筝，然后叫人用火把这些火箭点着。他想借着火箭推进的力量，再加上风筝上升的牵引力，使自己坐在椅子上飞向前方。毫无疑问，在当时的技术条件下，这种飞行的幻想没法变成现实。但是，这位官吏的大胆尝试，竟与现代喷气式飞机和航天飞机的飞行原理不谋而合，让人叹为观止！

　　当然，由于受到古代科技发展水平的限制，中国人最早发明的火箭并未能实现翱翔太空的梦想，和今天的火箭不可同日而语。现在，由液体燃料推进的火箭是由美国发明家罗伯特·戈达德于 1926 年发明的，它开启了真正意义上的人类太空探索时代。

（沙　莉）

给"野马"套上笼头

——诺贝尔发明安全炸药的故事

"诺贝尔奖"是一个家喻户晓的名词。举凡发明家、科学家、文学家和政治家无不以获"诺贝尔奖"为人生殊荣，因为它代表着对得奖人在该领域内获得的成就的一种奖励与认同。

那么，诺贝尔是谁？

阿尔弗雷德·诺贝尔是瑞典著名的化学家和工程师。1833 年 10 月 21 日，他出生于瑞典的斯德哥尔摩。诺贝尔出生后不久，他父亲经营的产业即告破产，家境开始走向衰落。诺贝尔只念了两年中学，便因病离开了学校。

后来，诺贝尔通过刻苦自学读完了中学课程，并且开始到父亲的工厂里打杂，从事一些力所能及的劳动。他还利用业余时间，读完了化工专业。这位未来的化学家从少年时代开始，就对炸药研发怀有极其浓厚的兴趣。

我们知道，火药是中国古代最负盛名的四大发明之一。后来，这种黑色火药经过阿拉伯国家传到了欧洲诸国，对欧洲的政治、经济、军事发展起过不可估量的推进作用。

但是，到了近代，随着工业革命的深入，许多国家都在发展采矿业，而传统的黑色火药燃烧不充分、爆炸力不强，因此发明新的威力巨大的炸药逐渐成了时代的迫切要求。

1847 年，意大利人索伯莱罗发明了一种名叫"硝化甘油"的烈性液体炸药。这种炸药威力奇猛，只是极难控制，稍有不慎，就会在贮藏、运输过程中突然爆炸，给人们的生命财产带来极大威胁。如何驯服这匹桀骜不驯的"野马"呢？不少人为之伤透脑筋。

面对这匹"野马",年轻的化学家诺贝尔与父亲一道,就像剽悍的骑手,开始了"驯马"的征程。

可这谈何容易!

硝化甘油是一种液体,性质不稳定,尤其在实验条件差的情况下,非常容易发生爆炸。

1864年的一天,诺贝尔的实验室发生了一起骇人的硝化甘油爆炸,工厂被爆炸送上了天空,许多工人遇难,连诺贝尔的弟弟也未能幸免。诺贝尔却从爆炸的废墟中爬起来,抹了一下满脸的血污,挥舞着拳头高呼:"我会成功的!"

诺贝尔的父亲由于目击惨状而惊恐过度,成了半身不遂的病人,丧失了科研能力。诺贝尔,这位"炸不死的人"再一次单枪匹马地开始了他"驯马"的壮举。

这一次,邻居们再也不愿意与诺贝尔为邻,因为他的实验室发生的爆炸十分危险。为了避免殃及四邻,诺贝尔在朋友的资助下,租了一艘船,在水上从事实验。

刚开始时,诺贝尔试图将硝化甘油变成固体炸药。他将10%的硝化甘油加入黑色火药之内,制成固态的混合炸药。遗憾的是,这种炸药无法长期贮存,因为几个小时之后,硝化甘油就完全被火药的孔隙所吸收,丧失爆炸的力量,因而这种混合炸药没有实用价值。

后来诺贝尔设计了一个重要的实验——硝化甘油的引爆。他将一小玻璃管硝化甘油放入一支装满黑色火药的金属管内,安上导火索后将金属管口塞紧,然后点燃导火索,将金属管丢入深沟。刹那间,只听"轰隆"一声,深沟里发生了剧烈的爆炸,说明玻璃管内的硝化甘油完全爆炸。

这个实验告诉诺贝尔:密封容器内少量黑色火药的爆炸,可以引起分隔开的硝化甘油完全爆炸。

接着,诺贝尔继续进行他的引爆实验。有一次,他在实验室中用雷酸汞制成引爆管,只听得"轰"的一声巨响,实验室化为废墟,连地面也炸出一个大坑。被炸成"血人"的诺贝尔被人们从废墟中救出,他却连声说:"我成功啦!"

是的，诺贝尔看到了胜利的曙光，他所发明的雷酸汞引爆管（雷管）获得了发明专利。这项专利使他有机会着手在温特维根建造世界上第一座正式生产硝化甘油的工厂。

不过，新型炸药的稳定性问题仍然令人担忧，人们对这种动不动就"轰"的一声爆炸的硝化甘油心有余悸，有些国家甚至下令禁运硝化甘油。

为了让用雷管引爆的炸药更加安全，诺贝尔接连做了一系列试验，期望找到一种多孔的物质来吸附硝化甘油，以减少意外爆炸的危险。他试过木屑、水泥、木炭粉，但效果都难以令人满意。

有一次，诺贝尔注意到一辆运输车上的一个硝化甘油罐被不慎打破，硝化甘油流出来，和旁边作为防震填充材料的硅藻土混在一起，却没有发生事故。诺贝尔脑子里灵光一闪：难道硅藻土是理想的硝化甘油吸附物？

经过反复实验，诺贝尔终于找到了理想的配方：用一份硅藻土吸收三份硝化甘油，可以制成固体炸药。这种固体炸药无论运输还是使用，都十分安全可靠。

这种固体炸药在点燃的木柴上不会爆炸，甚至从 20 米高的山崖上扔下也安然无恙，而一经雷管引爆，却可以在石洞、铁桶中爆炸。这匹性格暴烈的"野马"终于被套上了笼头，被人类牢牢地掌控在了手中！

安全的固体炸药的发明掀开了人类建设史上新的篇章，随着"轰隆隆"的一声声巨响，人们可以轻而易举地移山填海、开山挖洞，这给诺贝尔带来了崇高的声誉和巨额的财富。不幸的是，这种炸药在战场上广为使用，加深了战争的惨烈程度，给交战双方带来了巨大的伤亡。

诺贝尔是一位颇有良知的发明家，面对这种尴尬的局面，终身未娶的他写下遗嘱，将其毕生积累的巨额财产作为基金，用每年的利息奖励全球范围内在物理、化学、生理或医学、文学与和平事业上贡献卓著的人，以鼓励人类建立文明与和平的美好世界。

（沙　莉）

"一次天才的尝试"

——霍兰等人发明潜水艇的故事

18 世纪初，俄国的统治者彼得大帝野心很大，一直想扩大俄国的疆域，于是，他四处购买新武器。

一天，一位名叫尼科诺夫的农民说有关系国家的大事，要求见彼得大帝。彼得大帝召见了他。尼科诺夫说，他在打鱼时发现，鸭子为了猎取在水面上觅食的小鱼，会先从远处潜入水中，然后在小鱼的附近冒出水面偷袭小鱼。他由此得到启示：如果制造一只秘密船，使它偷偷地从水中潜到敌人的军舰下面，然后用铁钻把敌人的舰底钻透，敌人自然阵脚大乱，溃败而去。

彼得大帝听了很高兴，觉得如果能有这么一艘秘密船，那么，他的扩张计划就能实现。于是，他给了尼科诺夫一笔钱，要他尽快把秘密船造出来。

三年之后，尼科诺夫完成了模型制作，并做了多次试验，结果取得了成功。接着，他开始投入正式的制造。

1724 年，秘密船制作完毕。在彼得大帝的亲自主持下，秘密船进行了下水试验。可令人遗憾的是，在船下水时，因操作不慎，机件受损，试验被迫延期。碰巧在这时候，尼科诺夫突然患病死去，秘密船的研制工作只好停止。

彼得大帝最终没能成功地制成潜水艇进而实现他的霸主计划。而数十年之后，美国的华盛顿将军却利用潜水艇成功突破了敌人的封锁。

1776 年 7 月，北美十三个英属殖民地宣告独立，成立了美利坚合众国。

英国殖民当局恼羞成怒，调集了 3.2 万名士兵，在海军舰队的掩护下进攻纽约。当时镇守纽约的美军主将是大陆军总司令华盛顿。他只有 1.9 万名士兵，并且没有重炮和军舰。纽约港被英国军舰封锁得水泄不通，形势十分严峻。

这该怎么办呢？这关系到新生的合众国的存亡。华盛顿将军急得团团转，可又毫无办法。

这时，一个名叫布尔耐尔的人向华盛顿将军建议，可以用在水中潜行的船只炸毁英国军舰。华盛顿将军采纳了他的意见。

不久，布尔耐尔就设计制造了一种在水中潜行的船只——"海龟"。"海龟"的外形像一个大鸭蛋，实际上，它是一个椭圆形的木桶，外壳用橡木做成。"海龟"可潜可浮，因为在它的下面设有压载水柜。操纵手动泵，水柜排水，"海龟"则上浮；水柜进水，"海龟"则下潜。它下潜时靠人力摇动螺旋桨推进。"海龟"内的空气可供驾驶员呼吸 30 分钟。如果时间长了，驾驶员则只能用通向水面的通气管呼吸。

一天，天色阴沉，华盛顿将军下令让携带 68 公斤炸药的"海龟"出发。费了好大的劲，"海龟"才接近英国军舰。驾驶员准备在英国军舰下方钻洞，把炸药挂到军舰上。正在这时，英军发现了"海龟"。驾驶员急中生智，引爆了炸药。英军被这忽然冒出的船只及爆炸吓坏了，急忙连夜撤退。由此，英军对纽约的封锁被打破了。事后，华盛顿将军称这是"一次天才的尝试"。

这种用人力螺旋桨推进的方式当然是十分原始的，潜行船的作战能力也很有限。18 世纪中叶蒸汽机诞生，并得到广泛应用。于是，有人就将蒸汽机装到潜水艇上。这种潜水艇的战斗力要比"海龟"大多了。19 世纪 60 年代美国南北战争期间，南方军队曾用长 19 米的雪茄烟形潜水艇悄悄地靠近北方军队的巡洋舰，把北方军队数千吨的巡洋舰击沉。

1897 年，美籍爱尔兰人、造船专家霍兰在继承前人的基础上，充分利用当时的科技成果，研制出一艘以汽油机和蓄电池为动力的潜水艇。这艘潜水艇在水面航行时，以汽油机提供动力；在水下潜行时，则靠蓄电池提供动力。它长 15.84 米，宽 3.05 米，排水量为 70 吨。在它的首部装有一具鱼雷发射管，携带三枚鱼雷；首尾部还各安装了一门机关炮。这艘潜水艇的各种性能已相当完美，攻击力十分强大。人们公认这是世界上第一艘真正的潜水艇，霍兰也被认为是潜水艇的发明者。

随着科学技术的发展，潜水艇也不断得到改进。1954年，美国发明了鹦鹉螺号核潜艇。这艘潜水艇全长约90米、重约2.8万吨，以核能作为动力。它从美国的纽约出发，仅用五天就横穿大西洋，到达英国的利物浦。由于核反应堆在工作过程中不需要氧气，因此鹦鹉螺号只要带上几公斤的核燃料，就可以随心所欲地在水下航行几个月甚至几年，因此，有人叫它"超级潜水艇"。

（刘宜学）

流动的钢铁堡垒

——英国人发明坦克的故事

1916 年 9 月，第一次世界大战进入了第三个年头。在法国的索姆河地区，英法联军与德军发生了激烈的战斗。德军凭借坚固的碉堡和有利的地形，一次次打退了英法联军的猛烈进攻。

9 月 15 日，这一天与往常一样，战场上响起了阵阵枪声。不一会儿，从英法联军阵地上冒出了几十个像铁盒子似的黑色"怪物"，这些"怪物"的两侧还射出炮弹。德军被这情形吓坏了，慌忙举枪射击，可令他们更吃惊的是，子弹打上去后就弹了回来，"怪物"照样往德军阵地压来。就这样，英法联军仅用两个多小时，就突破了久攻不下的德军防线，占领了德军阵地。

为这次战役立下汗马功劳的"怪物"就是坦克。这是坦克诞生后第一次公开亮相。参加这次战役的坦克有 50 辆，可因机械发生故障，到达战场的只剩下 32 辆。在这 32 辆中，也只有 18 辆真正参加了战斗。虽然坦克的制造技术还很不完善，但人们已经看到了坦克强大的威力。

这些坦克是怎样诞生的呢？

第一次世界大战初期，由于对峙中的防御一方大量使用机枪，并且修筑了碉堡，挖了堑壕，因此，进攻的一方要突破对方防线往往要遭受惨重的人员伤亡。军事专家考虑：可不可以制造一种既能攻又能守，兼具"矛"和"盾"特性的新式武器呢？

一位将军向英国政府建议：可以把履带式拖拉机装上钢铁外衣，再装备上机枪和炮，改装成战车。这样的战车既能进攻，又能防御。

　　"这主意很好！可战车太小了。"时任英国国防委员会委员、海军大臣丘吉尔得知这件事后很感兴趣。1915 年 2 月，丘吉尔在他的海军部里秘密成立了"创制陆地巡洋舰委员会"，着手"陆地巡洋舰"的试制工作。

　　这些海军专家对水上船舰情有独钟，他们想：巡洋舰是很有威力的，应该把这种新式武器设计成巡洋舰一样。于是，他们照着巡洋舰的样子，设计出了一种新式陆战武器。这种武器全长 30 米，宽 24 米，高约 12 米，自身重量达 1200 吨；3 个车轮的直径 12 米，钢甲厚度 8 厘米，装配 400 马力（294 千瓦）发动机两部；车内安装大炮 2 门，携带炮弹 300 发，机枪 12 挺，子弹 6 万发。

　　设计员将设计图纸送到海军制造局局长那儿，结果局长否定了这一方案。他解释说，这个有 4 层楼高、5 条鲸鱼重的庞然大物，怎么能适应陆上作战呢？应该让它更小更精巧些。

　　于是，海军专家们又开始重新设计。新的方案将"陆地巡洋舰"设计成一个斜方形铁盒。它长 8.1 米，宽 4.2 米，高 3.2 米，全身重量 28 吨，钢甲厚 5 ~ 10 厘米，配有 105 马力（77 千瓦）发动机 1 部、2 门海军火炮、4 挺轻机枪。

　　设计方案通过后，林肯城的一家机械制造厂按照图纸开始制造"陆地巡洋舰"。1916 年 1 月 30 日，第一辆实用的"陆地巡洋舰"问世了！

　　新式武器诞生了，总得有个正式的名字。该叫什么呢？说来有趣，为了给它起一个好听而又恰当的名字，英国海军界还发生过一场争议。

　　有人说："我看还是沿用原来的名字，就叫陆地巡洋舰或者无限轨道机枪战斗车，这名字比较准确地反映了它的特征。"

　　有人说："名字不应该暴露它的用途和特征，我看可以叫老母亲，因为它将是未来武器的老祖宗。"

　　有人说："可以叫它皇家蜈蚣，这样既不暴露身份，又形象。"

　　大家你一言我一语地争论不休。

　　"我想了三个名字：储水池、储藏器、水箱（tank）。大家看看哪个好。"主持这个课题的总工程师说道。

　　"还是水箱好，它既不暴露用途和特征，又形象，还与我们海军有点关系。”大家一致同意新型武器就叫这一名字。

于是，这种新型武器投入第一次战斗并获得巨大成功后，就以“坦克”（“tank”的音译）之名闻名于世。

（刘宜学）

空中"千里眼"

——沃特森发明雷达的故事

在现代航海史上，曾经发生过一件著名的惨案。这件惨案与雷达的诞生有一定的关系。

1912年4月10日，英国制造的世界最大邮轮泰坦尼克号离开英国南安普敦港的码头，开始了它的首航。这艘大船总长为269米，排水量为4.6万吨。船上装备了最先进的各种机器，船内装饰豪华，各种娱乐设施都有，被人称为"华丽的水上之城"。此次首航，它满载了1348名旅客和864名船员，还装有价值1.24亿美元的钻石。

4月14日深夜，泰坦尼克号航行在一片漆黑的纽芬兰海面上。在这样的海面航行，船员们格外小心。

"注意，前方有座冰山。"正在驾驶舱内的船长叫了起来。

反应敏捷的驾驶员立即紧急停船。可是，一切都晚了，泰坦尼克号在巨大的惯性作用下，撞到了冰山上。

结局是极其悲惨的。收到呼救信号后，赶到现场的轮船只救起了705人，其余1507人葬身大海。泰坦尼克号也沉入了北大西洋冰冷的海水之中。

这件惨案震惊全世界。必须发明一种可直接探测前方障碍物的仪器，以便轮船在黑夜或大雾等不良海况下安全航行。

于是，科学家们开始了研制探测仪器的工作。

1922年，"无线电之父"马可尼预言，利用无线电波遇到障碍物就会反射回来的特性，完全可以设计出一台仪器，用来探测远距离船只的存在和方位。果然，没有多久，有人就造出了这种仪器，并成功检测出仪器前方木船的方位。

然而，这种仪器的性能太差，没有太大的实用价值。

1935 年 1 月，英国皇家无线电研究所所长沃特森奉英国政府的命令，研制一种可探测远距离飞机的装置。因为，那时德国法西斯的野心和残暴逐渐为人所知，欧洲大陆的局势十分紧张，英国政府也在积极准备应付时局的变化。

沃特森深知自己肩上的重任关系到国家的存亡。他不敢有丝毫的怠慢，立即成立研制小组。在查阅大量资料的基础上，沃特森确定了研制小组的工作方向。他认定，利用无线电的特性制作一种可探测的仪器是完全可行的。

沃特森全力以赴地投入工作。他推掉一切社会活动，整日关在试验室里调试仪器。可一段时间之后，研制工作进展不大，没有取得什么实质性成果。

有一天，沃特森正调试仪器以观测荧光屏上的图像时，突然发现图像中出现一连串亮点。

"这亮点是哪来的？"沃特森感到不可思议。

大家都围过来，观看这一连串亮点，可谁也说不清亮点是怎么出现的。

"也许是显像装置工作时间太久了，出故障了。"有人说。

几个人打开显像装置后盖，对其中几个主要部件进行检查，检查的结果是显像装置工作正常。

"会不会是周围的电器产生干扰作用？"又有人提出一种可能。

大家分头检查了附近的电器设备，并关闭电源，可亮点依然存在。大家似乎再也找不到什么可能的原因了，都把目光集中在沃特森的身上。

"噢，对了，肯定是那边那个大楼在作怪。"沃特森拍着自己的脑袋说。

"换个地方，在离那大楼远些的地方试试看。"沃特森要证实他的观点。

大家立即七手八脚地把仪器搬到离大楼较远的地方，插上电源，按原来的方法操作仪器，结果荧光屏上不见了亮点。

沃特森高兴极了，他看到了胜利的曙光，因为这意味着他的试验设想可行，这仪器已能接受到被障碍物反射回来的无线电回波信号了。

接着，沃特森和大家一起，试制了一台电波发射和接收能力更强的装置。

1935 年 2 月 26 日，沃特森将他制成的装置装在载重汽车上进行试验。他接通电源，使装置进入工作状态。与此同时，他命令试验飞机从 15 公里以外向载重汽车所在的地点飞来。结果，当飞机飞到距载重汽车 12 公里处时，装置接收到了回波信号。

"我们终于成功了！"沃特森和大家一起欢呼雀跃。

"不过，12 公里并不是我们的目的。"沃特森并没有被胜利冲昏头脑，他清醒地认识到：在实战中，12 公里距离还很难让己方军队做好充分的回击准备。早一公里发现，就为战斗多赢得一分主动。

为了保密，英国政府把英国皇家无线电研究所迁到极偏僻的地方。半年后，他们又突破了许多技术难题，比如将接收装置改用荧光屏，外来的信号会在荧光屏上以光带形式出现，通过观察光带就可以算出飞机的高度和距离。经过改进，雷达性能日臻完善，可发现 80 公里以外的飞机了。

1939 年 9 月，第二次世界大战全面爆发了。德国法西斯的飞机经常越过英吉利海峡，对英国进行狂轰滥炸，可英国人民英勇抗击，使德军未能得到预期的效果。

为了进行更有效的防卫和反击，英国拿出了"秘密武器"——雷达。他们在英伦三岛的东部和南部海岸线上建立雷达站，安装了新发明的雷达设备，日夜监视空中动静。

1940 年 9 月 15 日，希特勒命令空军出动 800 架战机飞向伦敦，准备给英国以毁灭性的打击。不料，这些德国飞机还没进入英国领空，便全部被英国雷达发现。早有准备的英军，击落德军飞机 58 架，包括 26 架轰炸机，给德国以强有力的回击。

雷达在实战中发挥了巨大的作用。它，拯救了英国。后来，雷达被人们称为第二次世界大战中的"三大发明"之一。

（刘宜学）

野炊的收获

——布劳恩发明导弹的故事

1944 年 6 月的一个晚上，在英国伦敦，天空中忽然传来刺耳的呼啸声，接着巨大的爆炸声此起彼伏，火光冲天，尘烟滚滚。

这突然的袭击使英国防空军感到莫名其妙。因为雷达监控系统工作正常，显示屏上并没有出现异常情况；探照灯不停地扫射天空，没有发现敌机的踪影；防空监察哨也没有听到任何飞机的响声。这是怎么回事呢？

后来，英国的情报部门才获悉：这是德军从 300 公里以外的荷兰海岸发射的新式武器。这种新式武器在几分钟内越过英吉利海峡，直奔伦敦。它，就是世界上最早出现的导弹——V-2 导弹。

V-2 导弹是德国火箭专家冯·布劳恩的发明。

早在 1930 年，布劳恩在柏林理工学院就读时，就对液体燃料火箭产生了浓厚的兴趣。他师从著名的科学家奥伯特教授学习火箭的研制方法。

在校学习期间，布劳恩刻苦钻研，对学习和工作一丝不苟。在一次火箭试验中，火箭即将发射了，布劳恩还往火箭的落点跑去。

"布劳恩，别跑，那儿危险。"朋友向他大声喊道。

"没事，我要看看火箭最后飞行阶段的情况。"布劳恩继续跑，直至跑到火箭落点附近的土坡上，蹲在那儿。

"轰隆"一声，火箭爆炸，尘土飞扬。烟尘消失后，人们从土坡边上火箭炸出的一条沟里将布劳恩抬到医院。他浑身是血，伤得不轻。

凭着这种不畏艰险的探索精神，布劳恩取得了优异的学习成绩。1934年，布劳恩获得柏林洪堡大学物理学博士学位。

此后，他继续从事火箭的研制工作，并使火箭的升空高度有了较大的提高。

布劳恩计划着要让火箭升得更高，这样火箭才能射得更远。因为火箭如能冲到大气层外空气极其稀薄的空间，向目的地飞去时受到的阻力极小。然而，要让火箭在高空正常工作并不容易：高空中空气稀薄，氧气不足，而火箭中的液体燃料燃烧时要消耗大量的氧气。

"怎样让火箭在高空正常工作呢?"布劳恩一直在思考这个问题。他设计了许多方案，试了许多办法，可仍然不能解决问题。

布劳恩的研制工作陷入了困境。

一天早上，布劳恩正在实验室工作。他的朋友来到实验室，邀请他参加野炊活动："我们的大科学家，天天闷在实验室。难得今天几个朋友都去野炊，您也去吧!"

"行啊。只是昨天刚下过雨，地上的柴草都还有点湿，恐怕不大容易烧着哟。"

"这还不简单，带上酒精不就解决问题了吗?"朋友说着，把布劳恩往外拖。

果然，树林中的枯枝败叶还有点潮湿。他们在潮湿的柴草上泼上酒精，火烧得非常旺。

"酒精……燃烧……"布劳恩的脑海中掠过一个念头：让火箭带上氧化剂，也许就可以解决火箭燃料的高空燃烧问题。

"对不起，诸位，我有点急事，先走了。"布劳恩扔下手中的柴火，直奔实验室。

他马上找来氧化剂——液态氧，以及煤油、酒精等原料，开始进行试验。

试验结果证实了他的想法。采用燃料和氧化剂作为火箭推进剂，可以解决火箭燃料的高空燃烧问题。

1942年1月，装填有新式火箭推进剂的A-4火箭进行了试飞试验。它的速度接近每秒2公里，最大飞行高度可达96公里。为了保证它的命中精确度，布劳恩给它安上了"眼睛"——能将火箭引导到预定目标上的自动控制设备。这种新式武器被称为 V-2 导弹。

1942 年 10 月 3 日，V-2 导弹进行了第一次试飞。导弹发射后，一瞬间就升到了 96 公里的高空，然后转弯，在与地面平行的方向上飞了 190 公里，最后在离预定目标 4 公里处爆炸。

试验获得成功！布劳恩的脸上露出了微笑。

但是，由于 V-2 导弹的制导并不很精确，命中率低，因此在 1944 年 6 月对英国伦敦的袭击中，也没能起到太大的作用。

第二次世界大战后，导弹的研发技术得到了飞速发展，几乎每隔几年或十几年就革新一次。如今，导弹的种类相当多，各有各的专门用途，而且命中的精确度等近乎完美。比如战斧式巡航导弹，它能主动避开雷达的侦察，在巡航发动机作用下低空飞行；导弹头上装有电子导航系统，能把飞行中的地形与储存在电脑中的地形数据进行比较，并不断修正飞行路线，直至到达预定目标；更有趣的是，它击中目标后，还能向发射基地报告战果。

由于导弹威力强大，因此可以说导弹的发明及其研发技术的不断革新，在某种程度上已使现代战争成为导弹科技的对抗战。

（刘宜学）

逃出瓶子的"恶魔"

——美国科学家发明原子弹的故事

1938 年 12 月 10 日，该年度的诺贝尔奖授奖大会在瑞典首都斯德哥尔摩的音乐大厅举行，意大利科学家费米获得了物理学奖。可是，费米并不像往年的获奖者一样载誉归国，接受祖国人民的庆贺，在授奖仪式结束后，他便悄悄地带着妻子儿女来到了美国。

费米热爱他的祖国意大利，但是，那时意大利在法西斯统治下，科学家受到残酷的迫害，科学研究工作难以开展。更可怕的是，意大利法西斯政府对犹太人及有犹太血统的人进行惨无人道的迫害。费米的妻子是犹太人，他的孩子有犹太血统，费米怎么敢回意大利呢？

费米到了美国，继续从事微观粒子的研究工作。一次，他从一份秘密情报中得到德国化学家奥托·哈恩和施特拉斯曼在进行核裂变实验的消息。费米马上组织人员进行核反应的研究。实验证明：1 克铀所产生的能量，相当于燃烧 3 吨煤和 200 公斤汽油的能量。这也就是说，如果用于军事上，1 克铀所产生的爆炸力，相当于 20 吨 TNT 的爆炸力。

这是多么可怕啊！如果让希特勒抢先利用这项科研成果制成核武器，那世界性的灾难就不可避免了。费米越想越感到可怕。他想，一定要说服美国政府，尽快研制原子弹，这样才能避免可能发生的灾难。

与费米一样，美籍科学家西拉德也对德国进行的核裂变研究感到十分不安。他为早些年人们不重视他的警告感到遗憾。

早在 1933 年，在物理学界对原子核裂变还不是很清楚时，西拉德就设想过一种特殊元素的存在。它的原子核吸收一个中子后，不但会分裂开来，释放出能量，而且在分裂过程中，能再释放出几个新的中子，这些中子再去轰击更多的原子核，又产生更多的中子。这样一环接一环地分裂下去，释放出的能量是极其可怕的。所以，他曾警告过周围的同事们，这种核裂变研究就像《一千零一夜》里的渔夫打开瓶塞一样，恶魔一旦逃出瓶外，将对人类的生存产生难以预料的恶果。

可在那时，西拉德的担忧并未得到科学界的重视。一些科学家认为，西拉德的担心无疑是"堡垒还没有攻下就谈战利品"，是"过早的担心"，甚至连伟大的物理学家爱因斯坦也没有意识到这一点。1934 年，当有人问到原子能有没有实际应用价值时，风趣的爱因斯坦打了一个比方说："那不过是黑夜里在鸟类稀少的野外捕鸟。"

如今，核裂变的成果，将可能被"杀人魔王"作为战争的武器。

不能再等了！费米和西拉德等立即拜访了科学巨匠爱因斯坦。他们希望听听爱因斯坦的看法，并通过他说服美国政府尽快着手核武器的研制。

此时，爱因斯坦已接受了费米和西拉德对核裂变问题的意见建议，他马上给美国总统罗斯福写信：

> 我读到费米和西拉德近来的研究手稿。这使我预计到，元素铀在不远的将来，将成为一种新的、重要的能源。考虑到这一形势，人们应当提高警惕。必要时，还应要求政府方面迅速采取行动。因此，我的义务是提请您注意以下事实：在不远的将来，一种威力极大的新型炸弹会被制造出来。

信写完后，爱因斯坦将它交给罗斯福的密友、金融家萨克斯，请他转交此信，并要他向总统面陈其中的利害关系。

令人失望的事，罗斯福总统对这事不感兴趣，他说他不懂信中提及的深奥的科学理论。萨克斯反复向他说明新型炸弹研制的重要性。直到最后，罗斯福总统才说："这些都很有趣，不过政府若在现阶段干预此事，为时过早。"

原子弹主要发明者之一费米

萨克斯并不放弃自己的努力。第二天早餐时，他们又见面了。罗斯福先发制人，对萨克斯讲："你又有什么绝妙的主意？你究竟需要多少时间才能把话讲完？"他把刀叉递给萨克斯，又说："今天不许再谈爱因斯坦的信，一句也不许谈。明白吗？"

　　"好吧，我们不谈。"萨克斯采取了迂回策略，"我想讲一个历史故事。"接着，他便巧妙地告诉罗斯福总统：法国皇帝拿破仑由于不重视富尔顿发明的蒸汽船，丢失了横渡英吉利海峡、征服英国的机会。这是不重视先进科技成果的结果啊！

　　罗斯福自然知道萨克斯的弦外之音，这故事在他耳边敲响了历史的警钟。他听完后，将斟满酒的杯子递给萨克斯，说道："你胜利了！"

　　萨克斯成功说服了罗斯福总统，揭开了人类制造原子弹历史的新篇章。1939年10月19日，罗斯福总统下令成立代号为"S-11"的特别委员会，命令立即开始进行原子弹的研制。

　　1942年8月，美国政府正式制定了研制原子弹的"曼哈顿计划"。费米等一大批杰出的物理学家投身该计划。

　　费米在原来研究的基础上，对小规律的铀裂变反应进行了更进一步的探讨。1942年12月2日，费米进行核反应堆试验，并获得圆满成功。这是人类第一次实现可以控制的核反应堆的运转。

　　稍后，物理学家奥本海默在美国新墨西哥州的沙漠，秘密主持建立了一个庞大的原子弹试制基地。

　　1945年7月，经过数万名专家和技术人员的努力，美国政府耗资20亿美元，终于研制成功了绰号分别为"瘦子"、"胖子"和"小男孩"的3颗原子弹。

　　1945年7月16日5时30分，在美国新墨西哥州的沙漠里，第一颗原子弹"瘦子"爆炸。"瘦子"爆炸时，瞬时闪光照亮了16公里以外的山脉，随后产生的蘑菇云上升到万米高空，发射钢塔被高温完全蒸发了，爆炸地点周围700米的沙漠表面被炙热的火焰熔成了一片玻璃体，发射地面形成了一个直径1000米的巨大弹坑。

　　这种破坏力极大的原子弹试爆成功了！科学家在高兴之余，对它的威力感到莫名的不安。即使费米已估计到它的破坏力，但他看到爆炸的情景后，心灵也受到了巨大的震撼。

曾经要求美国立即开展原子弹研制的西拉德首先反对使用原子弹。他认为，他所期望的是美国先于德国拥有原子弹，现在这个目的已经达到。许多正直而又善良的科学家也赞同西拉德的观点。于是，一份由西拉德等69 位著名科学家签名的禁用原子弹的请愿书，递交给了当时的美国总统杜鲁门。

然而，科学家们再也无权掌握原子弹的命运了。

1945 年 8 月 6 日，美国的轰炸机从日本广岛的上空投下原子弹"小男孩"。顿时，广岛一片火海，成了 20 多万人的大坟墓。8 月 9 日，美国又在日本长崎投下原子弹"胖子"，使长崎变成了一片废墟。

消息传来，爱因斯坦、费米、西拉德等科学家感到震惊，同时也感到深深的内疚。他们呼吁：科学技术的成果应该为人类创造美好未来，而不是用来毁灭人类。

（刘宜学）

海豚领着科学家向前进

——科学家发明声呐的故事

1941 年 12 月，太平洋战争爆发。美国人的潜艇仿佛长了眼睛似的，穿过日本人设置的道道水雷封锁线，神不知鬼不觉地钻进海里，向日本舰船发起突然袭击，使日本海军损失惨重；与此同时，日本的潜艇一钻进美国的军港或海岸边，不知怎的，就遭到美国军舰或飞机的攻击。

"这是怎么回事呢？"日本海军官员百思不得其解，"难道美国人使用了什么秘密武器？"

的确，美国人使用了一种"秘密武器"——声呐。

声呐是一种利用声波在水下测定目标的距离和运动速度的仪器。美军在潜艇上装了类似声呐的"探雷器"，因此对日军设置的水雷封锁线及舰船的所在位置一目了然；美军还在自己的军港和海岸的航道口装上了声呐。这样，海里的任何动静都逃不过美军的"耳目"。

声呐诞生于第二次世界大战期间。它的发明，凝聚着几代科学家的心血。

早在 1490 年，意大利著名美术家、科学家达·芬奇就注意到了声音在水中的传播现象。

有一次，他来到海边写生。完成一幅画后，好奇的达·芬奇忽然产生了一个念头：水里面到底有没有什么声音？

于是，他取来一根管子，将管子的一端插到水里，管子的另一端放在耳朵旁，结果听到了"咕噜咕噜"的声音。经过仔细辨认，他发现这是远方的船只航行时螺旋桨击水发出的声响。

达·芬奇的这根管子可以算是声呐的祖先了。

3 个多世纪后，瑞士物理学家科拉顿和法国数学家斯特姆对声音在水中的传播现象进行了深入探讨。在这以后，许多科学家也进行了这方面的研究。经过反复实验，他们比较精确地测出声音在水中的传播速度约为 1500 米每秒，是它在空气中传播速度的 4 倍。

此外，科学家们还发现，声波在水中传播，遇到海洋中的物体或触到海底时会被反射回来，此时一部分声波会被"吞掉"。不同频率的声波，在水中被吸收和反射的程度也不相同。其中，超声波能量集中，可朝一个方向传播，反射回来的声波能量损失也比较小。

这个时期正值潜水艇在海里称王称霸，人们对于潜水艇的神出鬼没正感到束手无策。自然而然地，科学家们想到：利用超声波在水中的传播特性，不就可以测出潜艇所在的方位、距离了吗？

可是，要实现超声波在水中的发射和接收谈何容易！技术条件尚未成熟，一时研制潜水艇"克星"的工作搁浅了。

1880 年，英国科学家彼埃尔·居里等成功地制造出换能器，实现了电、声信号的转换。换能器可将电波变成声波，并向海里发射；声波遇到物体后，又被反射回来；换能器接收到声波，把它变成电波并显示出来。根据超声波发出到接收所需的时间，就可以测出发射地点与物体之间的距离。

就这样，世界上第一代声呐诞生了。

后来，科学家在第一代声呐的基础上，又做了许多改进，发明了形形色色的声呐。按工作原理划分，声呐系统可分为主动式声呐和被动式声呐两大类。

主动式声呐可以主动发出声波信号，寻找水下目标，并根据声波的反射情况作出判断；被动式声呐主要接收水中目标发出的声音，从而测出目标所在的方位、距离。

然而，这两类声呐在使用过程中也暴露出一些缺陷：主动式声呐发出的声波容易被水中的潜水艇发现，被动式声呐则对于不发声的目标无能为力。

科学家们决心对声呐作进一步的改进，他们从海豚的身上得到了启迪。

20世纪60年代，生物学家诺里斯发现，用橡皮蒙住海豚双眼，丝毫不影响它的活动，可把海豚前额蒙住，它在水下就像瞎子一样，到处乱撞。显然，海豚是依靠前额发出声波来行动的。

经过进一步研究，科学家发现海豚有两架"声波发射机"。当"观察"远距离目标时，它就发射低频率超声波，以实现声波的远距离传播；当"观察"近距离目标时，它就改发高频率超声波，以提高分辨率。它也有两架"声波接收器"，来接收高低不同频率的超声波。海豚的声呐系统竟然如此先进，如此完美！

科学家虚心向海豚学习，不断探索海豚声呐的奥秘，以提高人造声呐的技术水平。

不久，美国科学家发明了军用高级声呐。它是一种多波束回声探测仪，性能要比先前的声呐出色得多。

海豚声呐外的特制导流罩具有抗水流噪音的性能，科学家由此得到启发，研制出"声呐导流罩"。有了它，军舰可不必像以前那样需要静止下来才能使用声呐，即使高速前进也可以使用声呐，而不受自身噪音的干扰。

海豚，引领着人类走上人造声呐研发的最高境界。

（刘宜学）

门外汉的"异想天开"

——马克沁发明机关枪的故事

机关枪，简称"机枪"，就是我们经常在电影银幕上看到的那种架在地上，可连续快速地发射子弹的枪，它是由美国的马克沁发明的。

马克沁小时候生活贫困。由于家里付不起学费，他很早就辍学到一家工厂当学徒，但他有强烈的求知欲，工作之余喜欢动手制作一些小机器。遇到自己弄不懂的地方，他就向专家请教，或者查阅有关资料。凭着这种勤奋好学的精神，他成了美国著名的电气机械发明家。

在19世纪下半叶，美国上层社会崇尚射击，经常举办射击比赛。有一次，马克沁带着步枪参加比赛。他的射击成绩不理想，而且由于步枪的后坐力，他的肩膀和前胸被撞得青一块紫一块。马克沁想：这种步枪毛病不少，真该改进改进。由此，他对改装枪械产生了浓厚的兴趣，并决心发明一种新型的枪。

此后不久，马克沁准备制造一种自动化的连发枪，并要求美国政府予以支持。美国政府认为，一个枪的门外汉要发明新枪简直是异想天开，因此对于马克沁的要求不予理睬。

马克沁一气之下来到英国伦敦，开办了一家小型制枪厂。他开始自己设计新枪的结构。他从减轻枪身对射手撞击的后坐力入手，对步枪进行重大改进，即以部分火药气体能量作为动力，使枪完成开锁、退壳、送弹、重新关闭等一系列动作，实现单管枪的自动连续射击。经过一段时间的加工、组装和调试，马克沁终于在1883年研制出了自动步枪。

马克沁并不满足于已有的成果。他觉得自动步枪仍有一些不尽如人意的地方，比如射击的速度不够快，枪射击时震动太大，等等。他要在自动步枪的基础上，研制出更为理想的枪械。

要让子弹射得快，首先必须保证弹药的供应。为此，马克沁在每个帆布弹带上装上 250 发子弹，并设计出了一种能把帆布弹带上的子弹推上膛的装置。

快速射击之后，枪管内的温度很高，枪管会被烧红。因此，接下来必须解决枪管降温问题。善于攻克难关的马克沁很快就研制出了一种液体水套，用它包在枪管上。

就这样，马克沁解决了一个又一个难题，扫除了一个又一个障碍，终于发明了世界上第一挺重机关枪。这挺重机枪重约 40 磅，每分钟能射 600 发子弹。

新生事物并不容易为人们所接受。为了宣传自己的新发明，马克沁带着他的重机枪到各地演示。他每到一地都引起轰动，人们对重机枪连续快速射击的性能赞赏不已。此后，机关枪开始得到一些国家的重视。

在 20 世纪初的日俄战争中，俄军用上了重机枪。重机枪发挥了巨大的威力，名声大振。但是，重机枪很笨重，使用起来不太方便。兵器专家对重机枪进行改进，由此诞生了轻机关枪。

第一次世界大战结束后，又出现了一种两用机关枪，它是德国军事头目投机取巧的产物。

第一次世界大战以德国等组成的同盟国战败而画上句号。1919 年 6 月 28 日，在巴黎凡尔赛宫签订的和约明确规定德国不得生产各种进攻性武器，其中包括重机枪。可德国的军事头目贼心不死，妄想重温旧梦，暗中继续进行军备研制。

他们十分推崇机关枪，可又不敢过早撕毁和约，于是就想出了一种投机取巧的办法，即生产一种表面看起来是轻机枪、实际性能为重机枪的"两栖机关枪"。

在一些兵器专家的帮助下，德国军事头目的愿望变成了现实，由此诞生了一种新式的机关枪——两用机关枪。

（刘宜学）